야~

옮긴이 송혜진

서울대학교 국어교육학과를 졸업했다.
국어 교사가 되기 위한 공부를 하다가
아이들보다 책이 더 좋다는 결론 끝에
출판사에 입사했다. 국내 저자의
여행 가이드북, 카툰 에세이, 건강서, 기타
실용서 및 외서 자기 계발서, 인문서 등
다양한 책을 책임 편집하고 있다.
실용 분야 일서 번역, 월간지 〈시냇가에
심은 나무〉 교정 · 교열 작업도 맡고 있다.
역서로는 〈앞으로의 라이프 스타일〉,
〈패턴부터 남다른 우리 아이 옷 만들기〉,
〈작은 생활〉, 〈틸다의 홈소잉〉,
〈더 기분 좋은 생활〉, 〈나무로 만든 그릇〉
등이 있다.

NO
STRESS!

REAL
WAY!

버릴 수 없다면 생각하지 않는 정리법

p r o l o g u e

생각하기
싫어하고

정리에도
서툰

당신을   위하여

정리를 하려면 생각하는 과정이 꼭 필요해요. 한정된 공간을 어떻게 해야 잘 활용할 수 있을까? 물건을 어디에 두어야 쓰기 편할까? 이런 생각을 수차례 한 뒤에야 자신의 생활에 맞는 정리를 할 수 있지요.
하지만 그건 어느 정도 정리가 익숙한 사람, 목표가 눈에 들어오는 사람에게나 해당되는 말입니다. 갈조차 못 잡는데 '생각을 한다'는 것은 '이렇게 하면 어떻게 되는 거지?', '이러면 과연 잘될까?'와 같은 생각으로 걱정, 불안, 마이너스 요소로 작용할 뿐입니다.

회사에 막 신입으로 입사했을 때나 처음으로 자동차 운전대를 잡았을 때와 똑같습니다. 자신이 수납이나 정리에 서툴다고 생각하는 사람이라면 이 단계에서 더 이상 나아가지 못할지도 모릅니다.
이 책에서는 그런 분들이 이것저것 생각하지 않고도, 그림을 보면서 '이렇게 하면 되겠구나!' 하고 직관적으로 이해하고 간단하고도 효율적으로 정리해나갈 수 있는 방법을 알려드립니다.

이 책에서 알려드리는 수납과 정리 방법은 생활 기반을 충실히 다져줄 것입니다. '나도 모르는 사이에 뭔가 편해지는' 식의 간단한 아이디어는 아니지만 한 번, 또 한 번 하다 보면 '어, 살림이 좀 편해졌어' 하고 느끼게 될 것입니다.
힘내서 해보겠다는 긍정적인 마음에 좋은 결과가 보답으로 따라온다면 스스로 서툴다는 생각도 사라질 거예요. 수납을 잘해두면 일상적으로 하는 정리는 어느새 '생각하지 않고'도 가능해집니다.
지금 고민하고 있는 여러분이 마음껏 도전해보고, 그럼으로써 자신의 생활을 좀 더 즐기게 되기를 바랍니다.

뭐부터
시작하지?
또
어질러지면
어쩌지?
우리는
일일이
생각하기를
싫어해요.

그래서 이 책에서는

1

어디서부터 시작하면 좋을까 순서를 '생각하지 않아요'

모든 항목이 Q&A로 이루어져 있습니다. 그중에 자신이 평소 고민하던 부분이 있으면 바로 거기서부터 도전해보는 거예요. 그림을 보고 '이런 식으로 하는 거구나' 감을 잡은 후 순서대로 따라 하면 됩니다. 어디서부터 시작할까, 어떤 식으로 진행해나갈까, 번거롭게 순서를 생각할 필요가 없어요.

2

어떻게 해결할까
방법을 '생각하지 않아요'

거실에서 쓸 물건을 분류하려면 머리를 써야 하지만
집안일과 관련된 것을 모으는 일은 바로 할 수 있지요.
이 책에서는 '해야 할 것'을 구체적으로 전달하고
모든 정리를 '옮기기, 늘리기, 채우기, 정돈하기'
이 네 가지 방법 중 하나로 해결합니다.

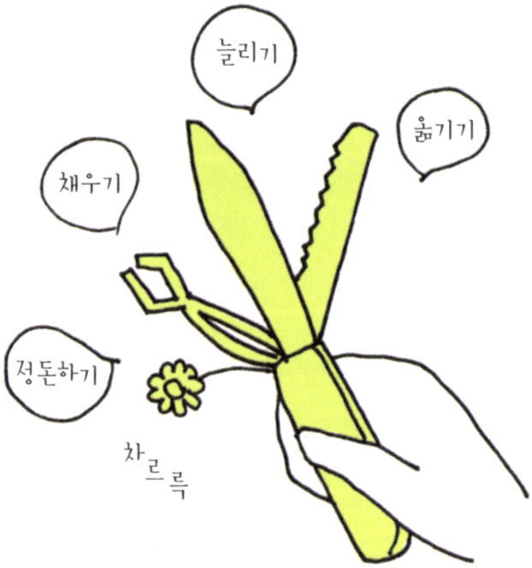

옮기기	늘리기	채우기	정돈하기
올바른 위치에 놓는다.	보관 장소를 새롭게 늘린다.	공간을 효율적으로 활용한다.	외관을 정돈해 깔끔한 인상을 만든다.

3

다시 또 어질러지면 어쩌지?
원상복구를 '생각하지 않아요'

제가 지금껏 쌓아온 수납 노하우와 공간 설계자로서 해온 수납에 관한 연구, 일반 가정집의 수납 컨설팅 경험 등을 통해 얻은 지식은 주거 공간 전체를 아우르는 내용입니다. 그래서 금방 할 수 있는 간단한 작업이라 해도 그 속을 들여다보고 어질러지는 원인을 찾아 뿌리부터 뽑아냅니다. '금방 본래대로 원상복구되면 어쩌지?' 이런 걱정은 할 필요가 없습니다.

contents

프롤로그

1 생각하지 않는 거실

18 / 거실 전체가 엉망진창이에요

20 / 거실에 둬도 되는 물건, 두지 말아야 할 물건

22 / 물건을 분류하라는 말만 들어도 정신이 아찔해져요

24 / 개인 물건이 사방에 널려 있어요

26 / 퇴근한 남편이 꼭 거실에 옷을 벗어놔요

28 / 아이 장난감으로 난장판이에요

30 / 이 책은 이렇게 시작되었어요

32 / 수납장도 있고 정리 상자도 있는데 늘 산만해요

34 / 공간이 부족하니 방법이 없어요

36 / 가구에 제대로 정리했는데 꺼내 쓰기가 불편해요

38 / 틈새를 활용하는 방법을 알고 싶어요

40 / 수납의 기쁨은 '아차, 요키, 스치치'

42 / 세탁하고 난 옷을 어수선하게 놓아두게 돼요

44 / 다리미대를 정리해둘 데가 없어요

46 / 소파 옆에 바구니가 있었으면 좋겠어요

48 / 나름 꾸며봤는데 어딘가 어색해요

50 / 거실에서 눈에 띄는 정리 도구

2 생각하지 않는 다이닝 룸

54 / 뭔가 해보려고 해도 식탁이 엉망진창이에요
56 / 식탁에서 쓰는 물건은 어디에 정리하나요?
58 / 가방을 무심코 의자에 놓아두게 돼요
60 / 아이가 숙제하면서 식탁 위를 어질러놔요
62 / 식사를 차분히 할 수 없는 이유가 뭘까요?
64 / 주부는 집에서 팀을 이끄는 감독 같은 존재
66 / 조리대를 너저분해 보이지 않게 하고 싶어요
68 / 우리 가족의 스마트폰 충전 공간은 어디?
70 / 일단 보관 중인 영수증 관리법
72 / 정리했더니 더 쓰기 불편해진 문구용품
74 / 다이닝 룸에서 눈에 띄는 정리 도구

3 생각하지 않는 주방

78 / 주방 전체가 늘 복잡해요
80 / 주방에선 어디에 뭘 둬야 하나요?
82 / 음식 만드는 과정이 뭔가 어수선해서 짜증 나요
84 / 그릇을 높이 쌓았더니 꺼내기가 어려워요
86 / 저처럼 물건을 좋아하는 사람은 어떻게 물건을 줄이나요?
88 / 싱크대 주변을 깔끔하게 정리하고 싶어요
90 / 싱크대 하부장에 공간 많이 남아요
92 / 손이 잘 닿지 않는 싱크대 상부장
94 / 물기 있는 물건은 어떻게 정리해야 하나요?

96 / 싱크대 주변 물건을 깔끔하게 정리하고 싶어요
98 / 쌀을 잘 보관하는 방법을 알고 싶어요
100 / 정리 뒤에 따라오는 것
102 / 전자레인지 주변에 둔 물건을 꺼내기가 어려워요
104 / 깔끔히 정리하고 나니 물건이 잘 안 보여요
106 / 천으로 깔끔하게 감추려면 어떻게 해야 하나요?
108 / L자형 주방의 사각지대를 활용할 수 있을까요?
110 / 주방에서 눈에 띄는 정리 도구

4 생각하지 않는 옷장

114 / 문을 열어보면 옷이 죄다 뭉쳐 보여요
116 / 다 들어가지 않는 옷은 버리는 수밖에 없나요?
118 / 작년에 샀던 타이츠가 보이지 않아요
120 / 가방 때문에 온 방이 난장판이네요
122 / 은근히 불편한 봉걸이 수납함, 어떻게 할까요?
124 / 남편 옷 수납, 방법이 뭘까요?
126 / 일요일엔 머릿속에 비포와 애프터를 그려요
128 / 지금보다 더 많이 수납할 수 있는 방법은 없나요?
130 / 옷장 아래 서랍에는 무엇을 수납하나요?
132 / 행어를 이용할 때 주의할 점은 뭔가요?
134 / 액세서리가 엉키지 않게 정리하고 싶어요
136 / 마음 내키지 않을 때 생각하는 것
138 / 창고에 넣어둔 물건이 자꾸 행방불명돼요
140 / 창고 안쪽은 사용하기 진짜 불편해요

142 / 압축한 요를 드레스 룸에 잘 수납하는 방법은 뭔가요?
144 / 곰팡이와 냄새가 걱정될 때 어떻게 하면 좋을까요?
146 / 잘 안 쓰는 수납장을 제대로 활용하고 싶어요
148 / 수납장을 좀 더 잘 활용하고 싶어요
150 / 옷장에서 눈에 띄는 정리 도구

5 생각하지 않는 현관 · 욕실 · 베란다

154 / 넘쳐나는 신발을 싹 정리하고 싶어요
156 / 부츠와 슬리퍼가 현관에서 진을 치고 있는데 어쩌지요?
158 / 적당히 걸어놓고 방치하게 되는 우산을 정리하고 싶어요
160 / 신발장 위가 지저분해 보여요
162 / 세면대 하부장에 넣어둔 물건을 꺼내기가 불편해요
164 / 세면대 위에 꺼내놓은 화장품이 어수선해 보여요
166 / 세면대 옆의 사각지대를 활용하는 방법은 뭘까요?
168 / 베란다에 널브러진 흙과 삽이 보기 싫어요
170 / 베란다를 수납공간으로 활용할 수 있을까요?
172 / 현관 · 욕실 · 베란다에서 눈에 띄는 정리 도구

에필로그

1 생각하지 않는 거실

Living Room

생활의 중심이 되는 거실에는 중요한 서류부터
장난감까지 온갖 물건이 모여 있어 북적입니다.

★

물건을 되도록
섞지 않는다.
⇣
옮기기 방법으로
비슷한 종류끼리 모아요.

★

꺼내놓고 무심코
그냥 두는 일을 줄인다.
⇣
늘리기 방법으로
제자리를 만들어요.

★

넘칠 땐 정리할
때라고 생각한다.
⇣
채우기 방법으로
정리해요.

★

인테리어를
고려한다.
⇣
정돈하기 방법으로
적절히 타협해요.

Q. 정말 지긋지긋해! 죄다 뒤죽박죽이라 깔끔하게 살 수가 없어.

before

기껏 바구니를 정리해놓아도 시간이 조금만 지나면 그 속에 있던 물건이 밖으로 나와 지저분해지니….

이럴 때 유용한
옮기기

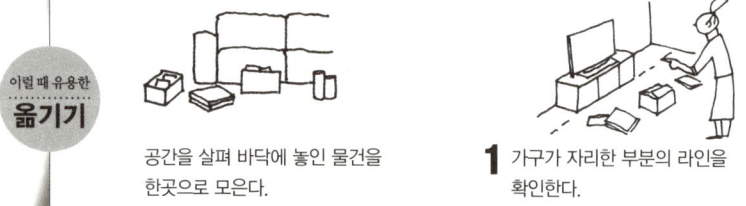

공간을 살펴 바닥에 놓인 물건을 한곳으로 모은다.

1 가구가 자리한 부분의 라인을 확인한다.

A. 거실 중앙에 빈 공간을 만들어 보세요!

바닥에도 물건을 수납하게 되지 않나요? 거기서부터 정리해보세요.

우선 바닥에 둔 물건을 가구 라인에 맞춰 배치하세요. 그렇게 해서 커다란 사각형 공간을 확보하면 공간이 깔끔해진답니다.

after

곳곳에 놓인 물건을 옮겨
빈 공간을 만들어요.

가구 라인에 맞춰 물건을 옮기기만 해도 한결 정리된 느낌이 들어요.

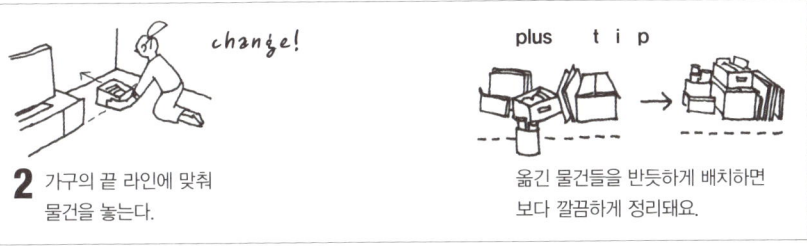

change!

2 가구의 끝 라인에 맞춰 물건을 놓는다.

plus tip

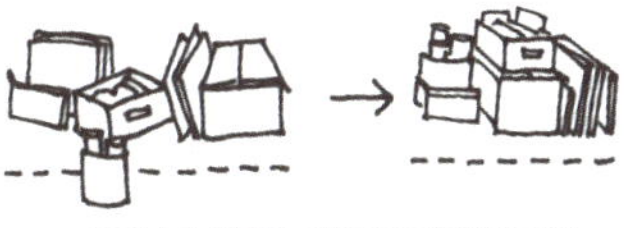

옮긴 물건들을 반듯하게 배치하면 보다 깔끔하게 정리돼요.

Q. 뭘 잘못 둔 거죠? 거실에 둬도 되는 물건과 두면 안 되는 물건을 알려주세요.

잘 쓰지도 않는 물건이 거실에 있지 않나요?

오래 보관할 것과 집안일과 관련 있는 물건

이럴 때 유용한
옮기기

당장 쓰는 것과 가족이 함께 쓰는 것을 제외한 물건을 분류한다.

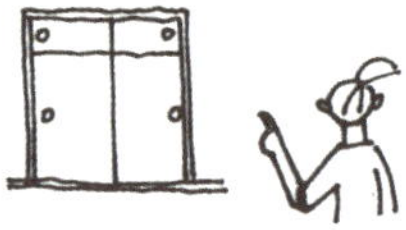

1 '장기간 보관할 것'과 '집안일 관련 물건'을 기준으로 재분류한다.

A. '오래 보관할 것'과 '집안일 관련 물건'을 치우세요.

물건이 줄어들면 그만큼 공간이 넉넉해져요. 거실에는 최소한의 물건만 놓고, 장기간 보관할 물건과 집안일 관련 물건은 다른 곳으로 옮깁니다.

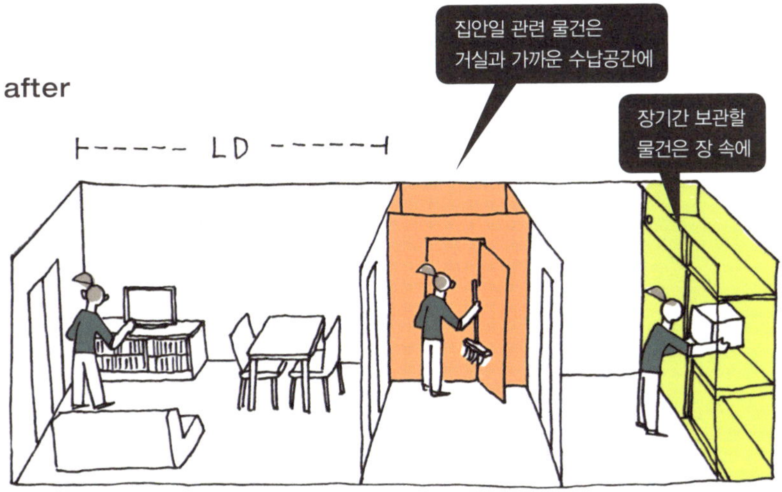
after
LD
집안일 관련 물건은
거실과 가까운 수납공간에
장기간 보관할
물건은 장 속에

오래 보관할 물건은 꺼낼 일이 적으니 거실에서 멀리 떨어진 곳에 둬도 돼요.

집안일 관련 물건은 필요할 때만 꺼내서 사용하고, 사용 후 다시 그곳에 두세요.

거실에는 가족이 늘 사용하는 물건만 두세요.

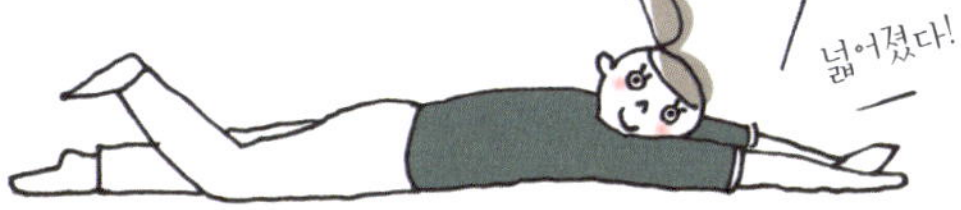
넓어졌다!

2 거실 외 마땅한 수납 장소를 찾는다.

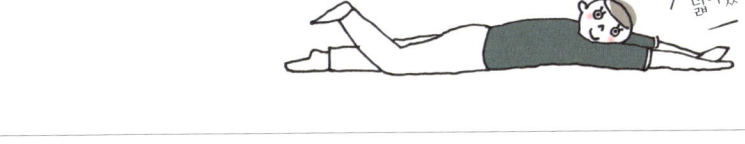

change!

3 분류한 물건을 각각 다른 장소에 옮긴다.

Q. 물건을 분류하라고요? 말만 들어도 아찔한걸요?

거실에는 늘 온갖 종류의 물건이 있어서 대체 어떻게 해야 할지 잘 모르겠어요.

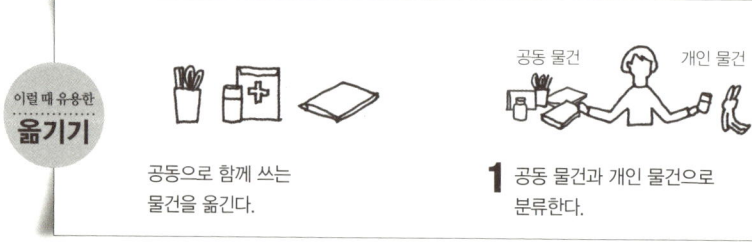

이럴 때 유용한
옮기기

공동으로 함께 쓰는 물건을 옮긴다.

1 공동 물건과 개인 물건으로 분류한다.

하나하나 정리하는 것이 결코 쉬운 일이 아니죠. 대강 분류하는 것부터 시작해요.

A. 어렵지 않아요! 가족이 함께 쓰는 물건부터 구분해보세요.

여럿이 함께 쓰는 물건이나 중요한 서류 등은 한곳에 모아두세요. 장소를 정해두면 필요할 때 금방 꺼내 쓰기도 좋고, 다른 가족들도 쉽게 알 수 있어 좋아요.

after

공동 물건(가족이 공유하는 중요 서류 등)

개인 물건(사적인 물건, 오락이나 취미용 물건 등)

2 분류한 공동 물건을 한곳에 보관한다. (장소는 어디든 상관없다.)

plus tip

가족이 함께 쓰는 물건은 곧 집에서 중요한 물건이죠. 우선순위가 높은 것부터 정리하면 남은 물건의 정리 방법을 판단하기가 쉬워져요.

Q. 개인 물건이 사방에 널려 있어요. 어떻게 정리하죠?

사용한 물건을 선반에 대충 올려두면 정리한 건 맞지만 어질러진 것으로밖에 안 보여요.

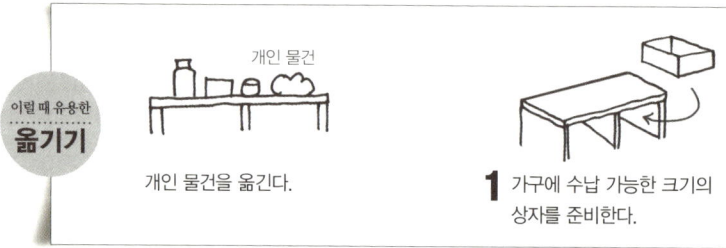

이럴 때 유용한
옮기기

개인 물건을 옮긴다.

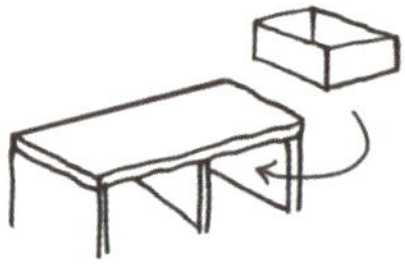

1 가구에 수납 가능한 크기의 상자를 준비한다.

A. '대충 늘어놓기' 대신 상자에 '대충 넣기'로 정리해보세요.

개인 물건은 상자에 담아 가구에 '숨겨' 두세요. 이렇게 하면 어질러지기 쉬운 것들이 눈에 띄지 않고 제자리를 잡을 수 있어요.

after

가구 안에 넣어두는 상자는 굳이 정리하지 않아도 돼요.
상자에 담아 가구 안에 쏙 집어넣는다.
p.48 참고
대충 넣어둘 상자
대충 쏙쏙 넣으면 되니 편하네

물건을 사용한 후 상자에 넣어 수납합니다. 선반에 그냥 올려두는 것과는 정돈된 느낌이 완전히 달라요.

2 상자에 물건을 담아 가구 안에 넣는다.

plus tip

물건을 대충 넣어둔 상자에 물건이 넘치기 시작하면 그때는 필요 없는 물건을 버리고 정리할 타임. 그때그때 정리하는 습관을 들이면 깔끔하게 유지할 수 있어요.

Q. 왜 거기다 옷을 걸어? 퇴근한 남편이 자꾸 아무 데나 옷을 벗어놔요.

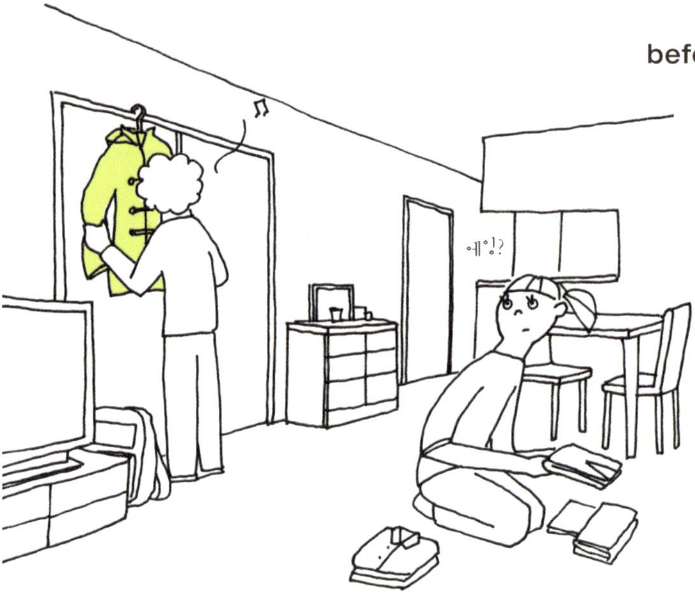

가족이란 본래 상상을 초월하지요.

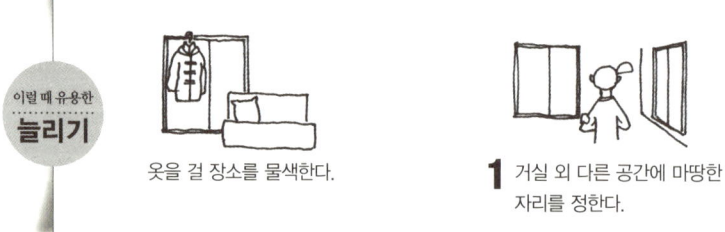

이럴 때 유용한
늘리기

옷을 걸 장소를 물색한다.

1 거실 외 다른 공간에 마땅한 자리를 정한다.

A. 거실에 옷을 걸다니요. 정말 안 되죠! 다른 장소를 찾아보세요.

거실에 옷이 걸려 있으면
무척 신경에 거슬리지요.
제일 좋은 방법은 눈에 보이는
곳에는 걸어두지 않는 거예요.
하지만 꼭 걸어야 한다면
다른 장소를 찾아보세요.

after

거실 외 다른 장소를 찾는다.

거실에 가기 전
【 복도에 건다 】

현관과 가까운 공간에 걸어두면
다음 날 바로 입고 나갈 수 있어요.

거실을 지나쳐서 안쪽
【 옆방에 건다 】

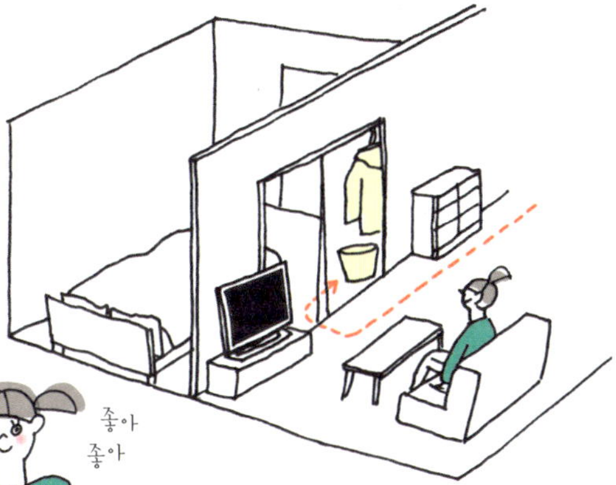

방문 근처라면 집에 들어와서 자연스러운
동선으로 옷을 걸 수 있어요.

2 옷을 걸기 편한지 확인하고
옷걸이를 건다.

plus tip

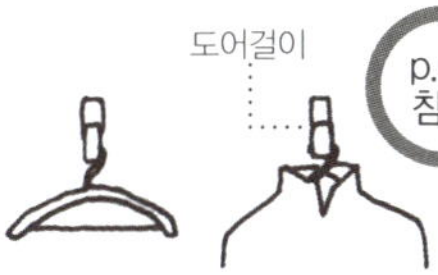

p.48 참고

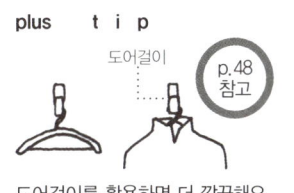

도어걸이를 활용하면 더 깔끔해요.

Q. 아이 장난감으로 집 안이 온통 난장판이에요. 매일 정리하다 지쳐버려요.

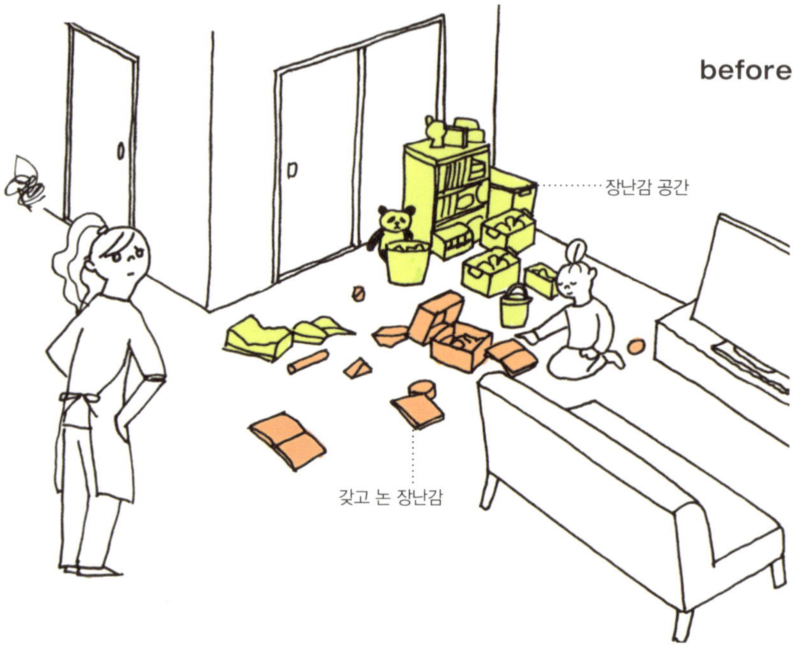

장난감을 정리해두는 공간이 너무 넓으면 장난감을 가지고 노는 공간과 구분이 안 돼 점점 더 어수선해져요.

이럴 때 유용한 **옮기기**

가지고 있는 장난감을 모은다.

1 거실 가까이에 정리해둘 제2의 장소를 찾는다. (옆방이 혹 비어 있지 않은지?)

A. 장난감 두는 공간을 거실과 거실 외 공간 두 곳으로 분리하세요.

좋아하는 장난감과 가끔 가지고 노는 장난감을 3:7 비율로 분리해 거실에는 좋아하는 것만 두는 거예요. 정리도 쉽고 깔끔한 상태를 유지하기 한결 쉬워요.

after
두 군데로 나눈다.
나머지 장난감은 제2의 수납공간에 둔다.
좋아하는 장난감은 거실에 둔다.

장난감을 분류할 때는 아이와 함께 하세요. 아이가 좋아하는 것은 바로 꺼내 갖고 놀 수 있도록 거실에 두고, 나머지는 제2의 장소로 옮겨 가끔 꺼내 놀 수 있도록 하세요.

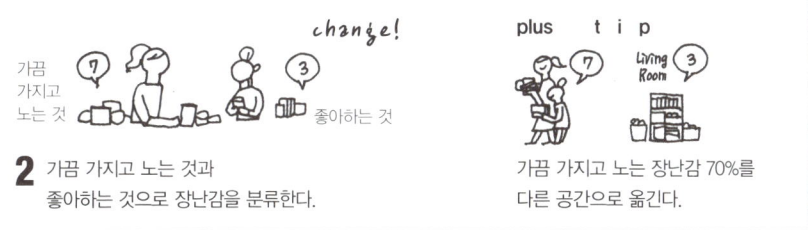

2 가끔 가지고 노는 것과 좋아하는 것으로 장난감을 분류한다.

plus tip

가끔 가지고 노는 장난감 70%를 다른 공간으로 옮긴다.

이 책은

이렇게
시작
되었어요

어느 더운 여름날 오후, 그녀가 밝은 목소리로 말했습니다.
"수납용품 하나 사는데 뭘 사이즈까지 재요?"
"이렇게 하면 훨씬 깔끔하게 수납할 수 있고 실패할 일도 없어요."
그러면서 저는 수납에 대한 이야기를 이러쿵저러쿵 늘어놓았죠.
그러자 이번에는 "틈새에 물건을 넣어서 채운다는 거예요? 말도 안 돼요.
그건 불가능해요" 하는 그녀.

"그, 그래요? 조금만 생각하면 할 수 있어요."
"저는 생각하라고 말해줘도 별로 생각하고 싶지 않은걸요."
"……."
똑똑하고 일 잘하는 그녀는 집안일도 야무지게 해내는 30대 여성입니다. 어떤 일이든 잘 처리하는 그녀가 수납과 정리에는 유독 약한 모습을 보였습니다. 곧 그녀가 말했습니다.
"퇴근하고 집에 돌아와서 어질러진 방을 보면 피로가 더 확 몰려와요. 마음먹고 정리해도 잘되지 않으니 자조하게 되지요. 내 성격에 정리는 무슨… 역시 안 돼."
이때 문득 정신이 들었어요.
일하는 많은 여자들이 막중한 업무에 시달려 마음이 소진되고 있어요. 몇 년 전만 해도 시행착오를 거치면서 자신만의 정리 방식을 생각하고 실제로 시도해볼 시간이 있었겠지요. 지금은 식사 준비, 빨래 등등 매일 집안일을 하다 보면 그런 시도조차 엄두가 나지 않을 정도로 시간이 없어요. 이런 상황에서도 어렵게 정리를 했는데 결과가 신통치 않다면 누구라도 열받게 되지 않겠어요.
저는 그녀가 처한 입장과 상관없이 그저 정답만 던져줬다는 생각이 들었어요. 지금 그녀에게 필요한 것은 체계적인 방법이 아니라, '바로 이거예요' 하고 이끌어줄 확실한 방법, 시간이 없어도 금방 이해되는 실천법이라는 것을 깨달았지요. 애초에 정리 같은 건 안 되는 성격이라고 포기하는 그녀를 보고 있자니 갑자기 이런 마음이 솟아났어요. '진짜로 알려줘야 할 뭔가가 따로 있지 않을까?'
수납도 일종의 기술이므로 누구나 익히면 할 수 있어요. 애초 정리가 안 되는 성격이란 없다고 생각해요. 그녀를 비롯해 이런 모든 분께 도움을 줄 수 있는 책을 쓰고 싶었어요. 그런 생각으로 시작했기에 모든 수납법 중 가장 '알기 쉽게' 쓴 책이라고 생각해요.

Q. 수납장도 있고 정리 상자도 있는데 뭔가 산만한 이유는 뭘까요?

before

거실에는 온갖 잡다한 것이 모이기 쉽지요.

선반이나 정리 상자가 있어도 오픈 수납 방식으로 정리하면 너저분한 것이 들여다보여 산만한 느낌을 줍니다.

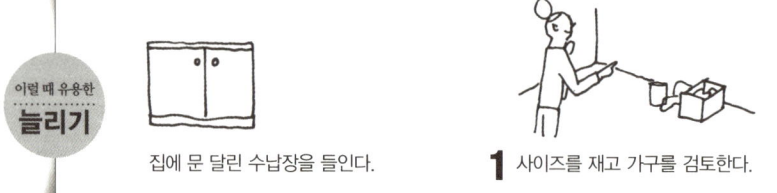

이럴 때 유용한

늘리기

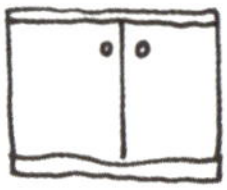

집에 문 달린 수납장을 들인다.

1 사이즈를 재고 가구를 검토한다.

A. 선반 외에 문 달린 수납장도 있으면 좋아요.

거실에 문 달린 수납장이 하나 있으면, 거실의 자잘한 소품과 잡동사니를 보이지 않게 수납할 수 있고 정리가 금방 되거든요.

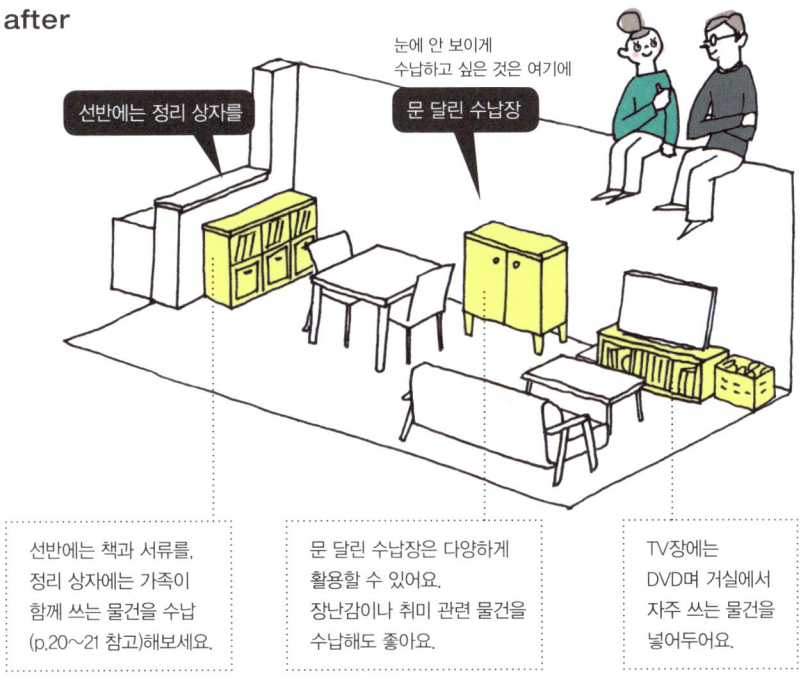

after

눈에 안 보이게
수납하고 싶은 것은 여기에
선반에는 정리 상자를
문 달린 수납장

선반에는 책과 서류를, 정리 상자에는 가족이 함께 쓰는 물건을 수납 (p.20~21 참고)해보세요.

문 달린 수납장은 다양하게 활용할 수 있어요. 장난감이나 취미 관련 물건을 수납해도 좋아요.

TV장에는 DVD며 거실에서 자주 쓰는 물건을 넣어두어요.

change!

2 안 보이게 하고 싶은 물건을 넣는다.
(미용 도구, 장난감, 취미 관련 물건 등)

수납장이 없다면?

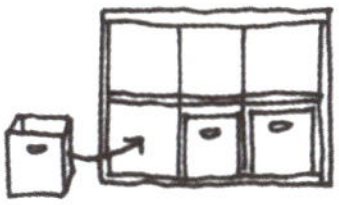

정리 상자를 활용하면 선반에 수납해도 문 달린 수납장과 같은 효과를 낼 수 있어요.

Q. 안에 넣고 싶어도 공간이 부족하니…. 방법을 못 찾겠어요.

before

이럴 때 공간을 더 만들 수 있다면 좋을 텐데!

새로 산 DVD와 방향제를 넣어두고 싶어도 더 이상 공간이 없어요.

A. 요만큼의 틈새를 채우면 빈 공간이 생깁니다!

가구 안에 넉넉한 틈새가 있다면 그곳이 바로 '물건을 수납할 수 있는 공간'이에요. 조금만 더 들어가면 좋겠다 싶을 때 이런 공간을 활용해보세요.

after

이럴 때 유용한 **늘리기**

이렇게 생각해보세요

아, 윗부분에 틈새가 많이 남네. 뭔가 방법이 있을 것 같은데….
약
네일용품
DVD
15cm
15cm
선반을 위로 올리면 틈새가 메워지려나?
선반 위치를 바꾼다.
DVD를 세워서 수납할 수 있을까?
약
네일용품
DVD
11cm
19cm
빙고! 선반 위치를 바꿨더니 틈새가 메워졌네. 공간이 생겼다!

여유 공간이 생기면서 들어가지 않던 물건이 들어가게 된다.

Q. 가구에 수납했는데 꺼내 쓰기가 불편해요. 뭐가 문제인 거죠?

차곡차곡
다 집어넣느라
애썼겠군요. 그런데
그보다 더 좋은
방법이 있어요!

before

잘 보니 같은 종류의 물건이 여기저기 놓여 있네요.
이렇게 두면 꺼낼 때마다 번거로워요.

A. 2단계로 넣고 꺼내기 쉽게 정리하는 방법을 익혀볼까요?

가구에 수납했는데도 사용이 불편하다 싶으면 수납 방법이 잘못된 것일 수 있어요. 같은 종류끼리 모아두면 넣고 꺼내기 한결 쉬워진답니다.

after

이럴 때 유용한
채우기

【 step 1 】 ➡ 【 step 2 】

같은 종류의 물건을 모아두면 대체로 제자리가 정해집니다.

작은 물건들이 아무 데나 굴러다니지 않도록 종류별로 작은 상자에 넣어두면 됩니다. 이제 넣고 꺼내기 쉬운 상태가 되었어요. 같은 용도의 물건을 한 상자 안에 넣어 보관하는 1상자 1용도입니다.

Q. 틈새를 이용할 수 있는 새로운 방법이 없을까요?

before

봉투에 담아놓은 이 상태로는
몇 개월 못 갈 것 같은데….

정리에
쓸 만한
틈새가
또
없을까?

A. 물건을 잘 쌓아두기만 해도 여유 공간이 생겨요.

틈새에 물건을 수납할 때는 자주 쓰지 않는 물건을 아래쪽에 두세요. 자주 쓰는 물건은 넣고 꺼내기 좋도록 신경 써서 정리하세요.

after

이럴 때 유용한
채우기

이렇게 생각해보세요

위쪽에
공간이 많이
남는데….

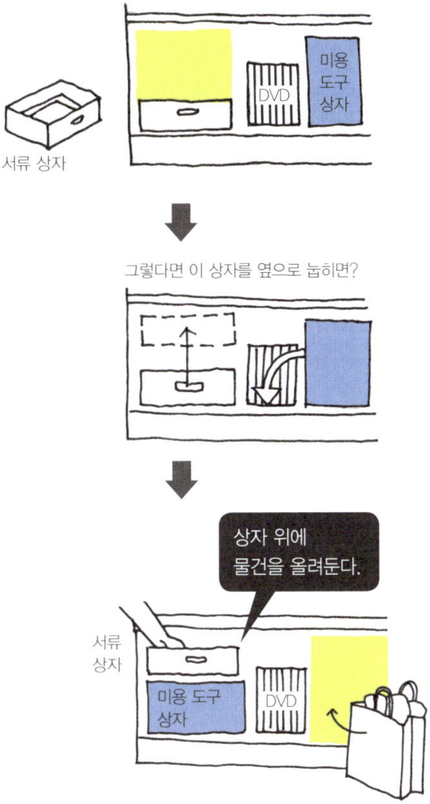
서류 상자
DVD
미용
도구
상자
그렇다면 이 상자를 옆으로 눕히면?
상자 위에
물건을 올려둔다.
서류
상자
미용 도구
상자
DVD

위쪽 공간을
활용하는 게 좋을까?
아니야, 그러면 아래
상자에 든 물건을
꺼내기 힘들어져.

빙고! 상자를
눕혀놓았더니
한쪽에 공간이
생기네!

수납의
기쁨은

‘으차, 으차, 　으차차’

제가 하루 일과를 마치고 정리를 하는 것은 보통 밤 12시 무렵이에요. 저녁 식사를 하고 나서 잠깐 일하고 난 후 오늘 하루를 마무리하는 의식처럼 설거지를 하고 어질러진 물건을 정리합니다.

이런 동작을 한 단어로 표현한다면 '으차' 같은 느낌이랄까요. 밖에 나와 있는 올리브 오일을 선반에 '으차', 다 먹은 토마토 통조림 캔을 '으차', 청소 도구도 '으차, 으차, 으차차'. 몸을 왼쪽 오른쪽으로 리듬감 있게 움직이며 정리하면 1~2분 만에 모든 것이 끝납니다. '으차'란 무심히 움직일 때 자연스럽게 내는 소리이니 이때 무슨 생각을 하지는 않아요. '이걸 꺼내 쓰고 여기다 그냥 놔둔 사람 누구야, 진짜!' 하고 짜증을 낼 새도 없이. 다음에는 바로 화장실로 가서 양치질을 합니다.

앞에서 제가 수납을 잘해두면 일상적으로 하는 정리는 어느새 '생각하지 않고'도 가능하다고 말했는데, 정말로 그래요. 물건마다 가져다 놓기 쉬운 제자리가 있고, 그 자리에 가져다 놓는 것이 습관이 되면 일상적인 정리는 '으차' 이 한마디로 쉽게 끝나버리지요. 만약 주방에 있는 물건들이 제자리가 정해져 있지 않으면 어떻게 될까요? '올리브 오일은… 안 들어가니까 이 안쪽에 넣어두자.' '청소 도구를 둘 데가 마땅치 않네. 일단은 바닥에 두고….' 이렇게 하나하나 정리할 때마다 머리를 써야 합니다. 여유가 있는 날은 그나마 그렇게라도 하면 되지만, 몸과 마음이 지쳐 있을 때는 어느 것 하나 정리가 안 되고 어수선해지기 마련이지요.

'제자리를 정해두는 것'은 한 치의 어긋남 없이 꼼꼼하게 살기 위해서라기보다 좀 편하게 살 수 있도록 미리 준비하는 것이라고 생각해요. 작은 스트레스 하나가 사라지면 그 공간을 채우며 생겨나는 것은 마음의 여유지요. 이는 바쁜 나날을 살수록 더없이 고마운 선물입니다. 얼마 전엔 이런 일이 있었어요. 남편이 생선을 냉동 보관하겠다고 지퍼백을 꺼내 들더니 그러는 겁니다. "뭐든 손쉽게 넣고 꺼낼 수 있으니 지혜롭게 잘 살고 있다는 기분이 들어." '으차'의 기쁨은 이렇게 가족에게도 전염되는 것 같아요.

Q. 빨래를 돌리고 난 후 옷을 그냥 두니 어수선해요.

before

다림질해야 하는데 시간이 없군요. 일단 그대로 두고 출근합니다.

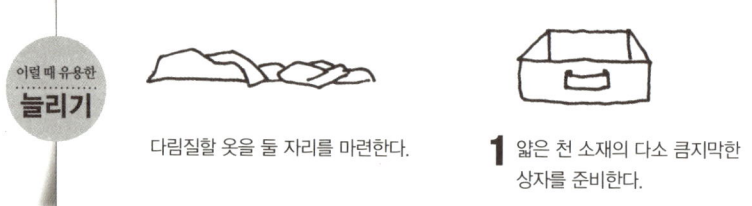

이럴 때 유용한

늘리기

다림질할 옷을 둘 자리를 마련한다.

1 얇은 천 소재의 다소 큼지막한 상자를 준비한다.

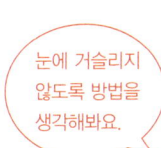

눈에 거슬리지
않도록 방법을
생각해봐요.

A. 정리 상자를 이용해 응급처치로 어질러지는 것을 막아요.

다림질할 옷을 잠시 아무 데나 놓아두는 일이 자주 생긴다면 이렇게 해보세요. 잠깐 두는 것이라 해도 제자리가 정해지면 눈에 거슬리지 않을 거예요.

after

정리 상자를 정해 놓은 자리에
훗, 됐어
다림질할 때까지 잠시 동안 소파 아래 놓아둔다.

탁자 밑이나 소파 밑에 정리 상자를 두고, 그 안에 다림질할 옷을 수납해 눈에 띄지 않게 합니다.

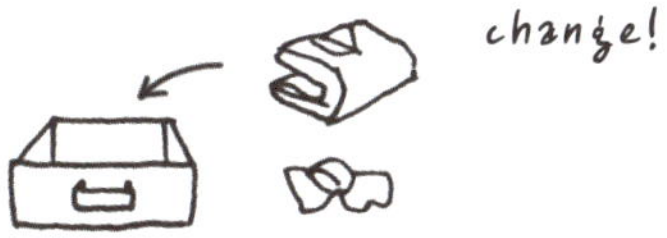

change!

2 옷을 반으로 접어 수납한다.

plus tip

큼지막한 상자라고 해서 옷이 대량으로 들어갈 만한 크기를 말하는 건 아니에요. 또 빨래가 다 마르면 다림질을 안 해도 되는 옷은 그때그때 바로 정리해 넣으세요.

Q. 다리미대를 꺼내둔 채로 생활하는 거, 문제 있는 건가요?

before

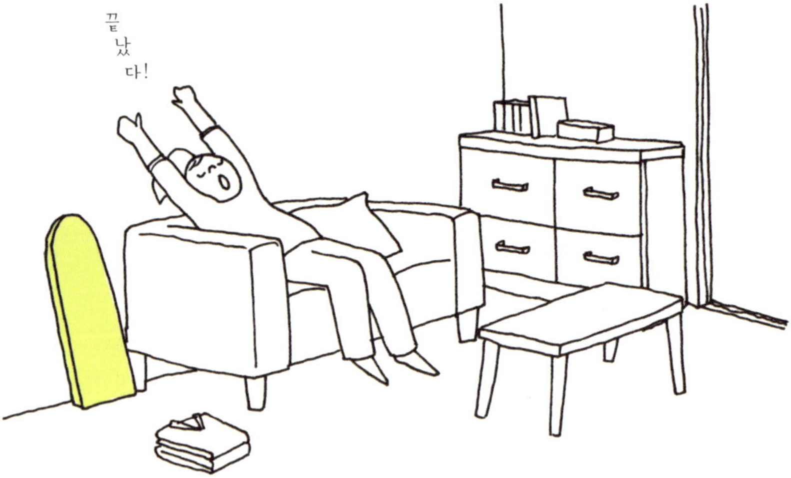

정리할 곳이 마땅치 않기도 하고, 어찌디 보니 꺼내둔 상태 그대로 두게 되네요.
보통 다림질은 거실에서 하니까 거실 주변에 정리해두고 싶어요.

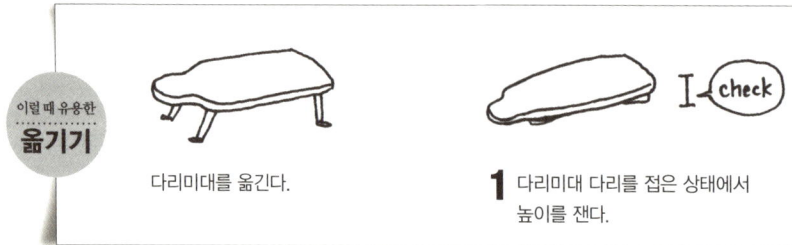

이럴 때 유용한
옮기기

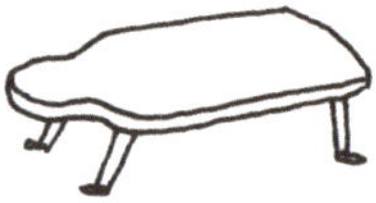

다리미대를 옮긴다.

1 다리미대 다리를 접은 상태에서 높이를 잰다.

A. 틈새에 끼워 넣는 방법을 활용해 거실에 둘 수 있어요.

다리미대는
다리를 접으면
부피가 작아져
가구 틈새에
끼워 넣어도 충분히
들어갑니다.

after

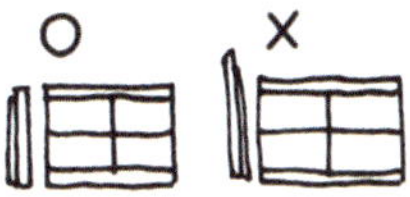
O
X
가구 높이 위로 튀어나오지
않게 하세요.

가구와 벽 사이 틈새를
다리미대 자리로
세웠을 때 높이가
맞지 않으면 소파 밑에 두세요.

다리미대 다리를 접으면 보통 두께가 5~6cm 정도 됩니다. 이 정도 틈새는 찾아보면 의외로 많아요.

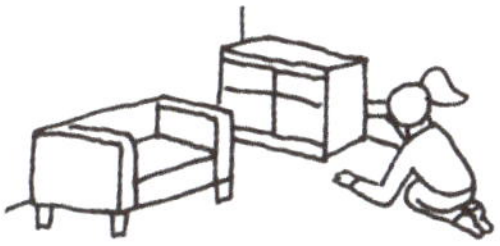

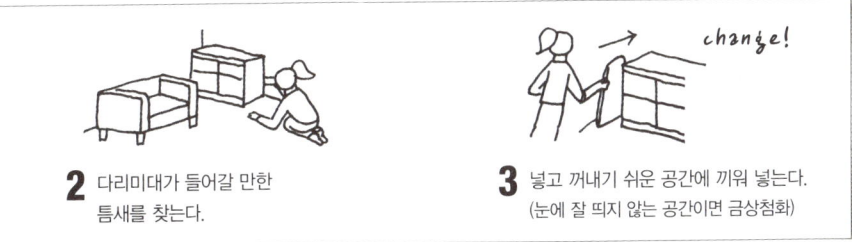

2 다리미대가 들어갈 만한
틈새를 찾는다.

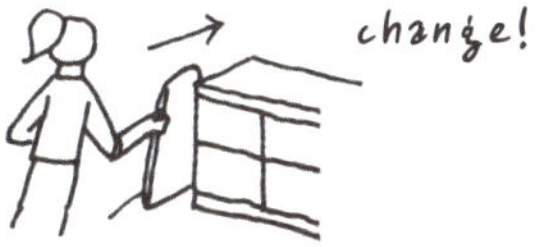
change!

3 넣고 꺼내기 쉬운 공간에 끼워 넣는다.
(눈에 잘 띄지 않는 공간이면 금상첨화)

Q. 잡동사니를 담아 소파 옆에 둘 만한 바구니로는 어떤 것이 좋을까요?

before

소파 옆에 너무 작은 바구니를 두었더니 좀 어설픈 느낌이 들어요.
좀 더 그럴듯한 바구니가 있었으면 좋겠어요.

이럴 때 유용한
옮기기

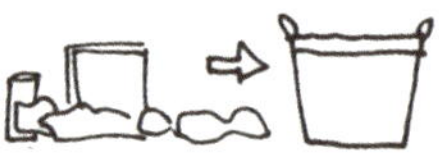

소파 옆에 바구니를 두고 잡동사니를 정리한다.

1 물건을 모아놓고 높이를 어림한다.
(높이가 가장 큰 물건을 체크한다.)

A. 적당한 바구니를 선택하려면 두 번의 사이즈 체크가 필수죠.

소파 옆에 두는 바구니는 실용성뿐 아니라 인테리어 기능도 따져봐야 해요. 소파 높이와 물건 높이만 체크하면 실패할 일이 없답니다.

after

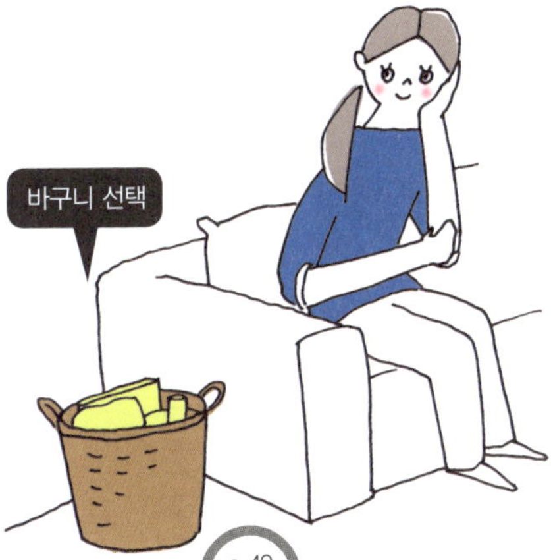

p.49 참고

큰 소파 옆에 둬도 존재감이 밀리지 않는 바구니를 놓으면 어엿한 인테리어 소품 역할을 하면서 균형감 있어 보인답니다.

【 step 1 】

내용물이 위로 튀어나오면 안 돼요.

정리할 물건이 바구니 안에 다 들어가는지 확인하세요.

【 step 2 】

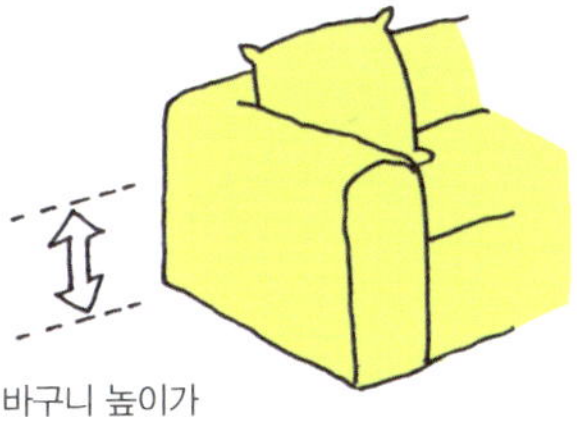

바구니 높이가 소파 높이의 1/3 이상인지 확인하세요.

2 소파 높이의 1/3을 어림한다.
(1/3 이상이어야 균형이 맞는다.)

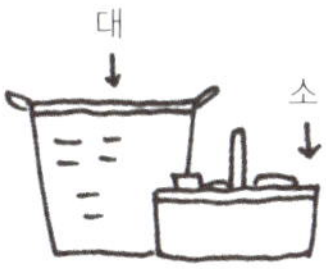

plus tip

바닥에 바구니를 둘 때는 하나, 혹은 큰 것 하나와 작은 것 하나 총 2개를 두는 것이 좋아요. 자연스럽게 여러 개를 배치하는 것은 꽤 수준 높은 감각이 필요한 일입니다.

Q. 멋지게 꾸미고 싶었는데 뭔가 이상해요. 어떻게 해야 할까요?

꾸미고
싶은 그 마음,
뭔지 알아요!

before

공간에 살짝 여유가 있어 마음에 드는 물건으로 꾸며봤는데
인테리어 소품과 생활용품이 뒤섞인 상태가 됐어요.

이럴 때 유용한
정돈하기

인테리어 소품을 한곳에 모은다.

1 생활용품 사이에 섞여 있는
인테리어 소품을 골라낸다.

A. 인테리어 소품과 생활용품을 확실하게 분리하세요.

액자, 장식품, 꽃 같은
인테리어 소품을 생활용품과
확실히 분리한 다음
인테리어 소품을 모아 가구
위에 올려두기만 해도
분위기가 달라질 거예요.

after

생각보다
간단히
해결됐네!
인테리어 소품은
생활용품과 함께
두지 않는다.
인테리어 소품과
생활용품을 같이 둘 때는
생활용품을 바구니에
넣어 안 보이게 한다.
장식품, 캔들
화분

생활용품과 인테리어 소품을 두는 공간을
각각 분리하기만 해도 훨씬 보기가 좋아요.

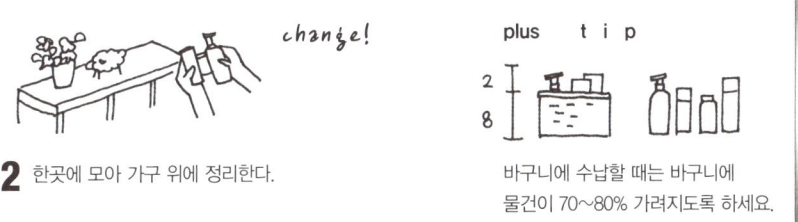

change!

2 한곳에 모아 가구 위에 정리한다.

plus tip

2
8

바구니에 수납할 때는 바구니에
물건이 70~80% 가려지도록 하세요.

거실에서 눈에 띄는 정리 도구

거실에서는 바구니나 정리 상자를 활용하는 일이 많습니다.
이럴 때 적당한 크기에 깔끔한 소재의 바구니나 정리 상자를 사용하면
공간 전체가 세련된 느낌을 주지요.

p. 23

개인 물건 정리에 유용한 'DVD 상자'

이것저것 많이 넣고 싶다고 너무 큰 상자를 사용하면 아무 생각 없이 물건을 잔뜩 쌓아두게 돼요. 사이즈는 길이 29cm×폭 23cm×높이 15cm 정도가 적당해요.
(니토리사 DVD 케이스 바스켓 BANKWAN DVD)

p. 25

옷 정리에 유용한 '도어걸이'

도어걸이는 작고 가느다란 것이 좋아요. 특히 자주 입는 외투는 외출하고 돌아와 현관 가까운 곳에 바로 걸어두는 경우가 많은데 이때 도어걸이를 활용하면 매번 같은 위치에 걸게 되어 편리해요.
(HILOGIK사 도어걸이 S1 T685)

p.40

다림질할 옷을 담아두기 좋은 '정리 상자'

정리 상자에 꼭 맞게 들어가는 절반 사이즈(폭 38cm×높이×12cm)는 무인양품에서도 구할 수 있어요. 다림질할 옷을 잠깐 넣어두는 상자에 돈 들이기 아깝다면 비슷한 크기의 저렴한 제품으로 구입하세요.
(무인양품, 니토리사 바스켓)

p.45

소파 옆에 두어도 적격, '세탁 바구니'

소파 옆에 두는 바구니로는 크기가 큰 세탁 바구니 중에서 골라보세요. 소재가 너무 부드러우면 물건을 넣었을 때 바구니가 찌그러지고 모양이 안 잡힐 수 있으니 빳빳한 소재가 좋아요.
(ACTUS 세탁 바구니)

2 생각하지 않는 다이닝 룸

Dining Room

다이닝 룸에서는 음식을 먹기만 하는 것이 아니라
아이가 숙제를 하거나 주부가 컴퓨터 작업, 독서 등도
하는 만큼 다양한 물건이 모여듭니다.

★
식탁 위에는
아무 물건도 두지 않는다.
⇣
옮기기 방법으로
식탁 위 물건을 치워요.

★
별생각 없이 그냥
두지 않는다.
⇣
늘리기 방법으로
제자리를 만들어요.

★
너저분해 보이지
않게 가린다.
⇣
정돈하기 방법으로
깔끔하게 만들어요.

Q. 온갖 물건으로 엉망진창…. 뭔가 해보려고 해도 움직이기가 불편해요!

식탁 위는 항상
뭔가 물건이 놓여 있어
복잡해요. 정리할 생각만
해도 피곤해지죠.

before

과자 봉지, 전단지, 노트북, 문구용품까지 잔뜩 널려 있으니 매번 정리하기 전엔 아무것도 못 해요.

이럴 때 유용한 **옮기기**

식탁 위 물건을 옮긴다.

1 눈높이 아래쪽에 수납공간을 만든다.
(가구 옆에 바구니 가방을 놓으면?)

A. '눈높이보다 아래쪽'을 기억하세요! 물건 정리할 장소는 많아요.

식사, 컴퓨터 작업 등을 언제라도 할 수 있도록 식탁 위에는 아무것도 놓아두지 않습니다. 물건을 눈높이보다 아래쪽에 정리해두면 공간이 깔끔해 보여요.

after

식탁뿐 아니라 조리대나 다른 가구에도 물건을 올려두지 않으면 더 깔끔해집니다.

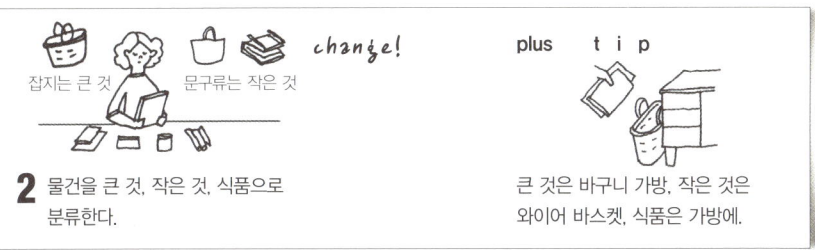

2 물건을 큰 것, 작은 것, 식품으로 분류한다.

plus tip

큰 것은 바구니 가방, 작은 것은 와이어 바스켓, 식품은 가방에.

Q. 식탁에서 쓰는 물건은 어디에 두면 좋을까요?

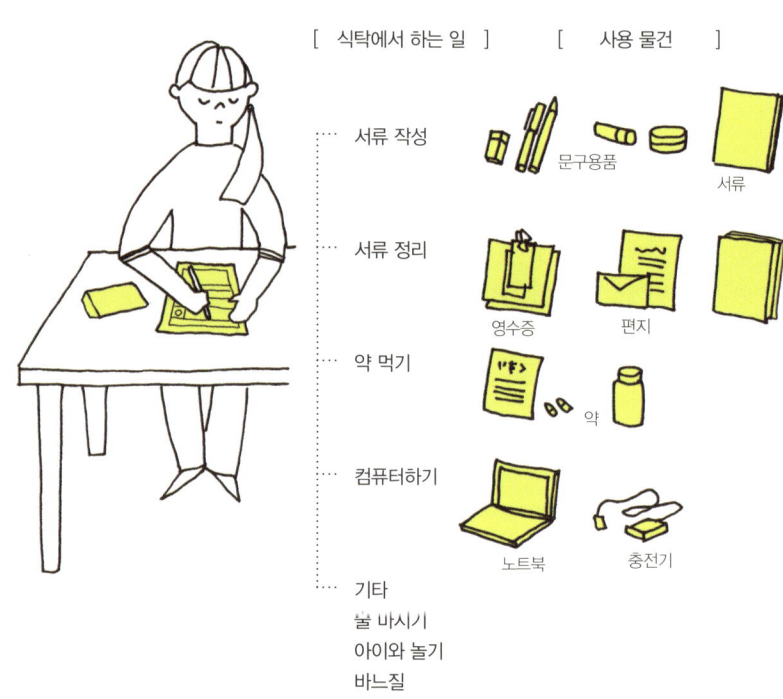

[식탁에서 하는 일] [사용 물건]

- 서류 작성
- 서류 정리
- 약 먹기
- 컴퓨터하기
- 기타
  물 마시기
  아이와 놀기
  바느질

식탁에서는 식사 외에도 다양한 일을 하다 보니
온갖 물건이 모이게 됩니다.

A. 주로 하는 일을 떠올려보고 가까이 있는 가구에 수납합니다.

식탁에서 쓰는 물건은 주로 종이와 작은 물건입니다. 우선 이 물건이 들어갈 공간을 만들어 재빠르게 정리해보세요. 세세한 정리는 그다음에 하면 됩니다.

이럴 때 유용한

옮기기

【 모은다 】 → 【 분류한다 】 → **식탁 가까이에 있는 가구에 모아둔다.**

사무실 같은 분위기가 싫다면 문 안쪽에 보이지 않게 넣어두세요.

식탁에서 쓰는 물건

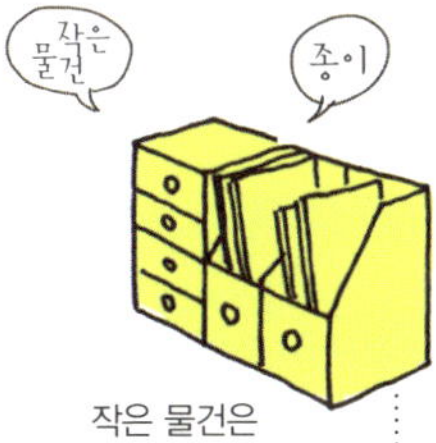

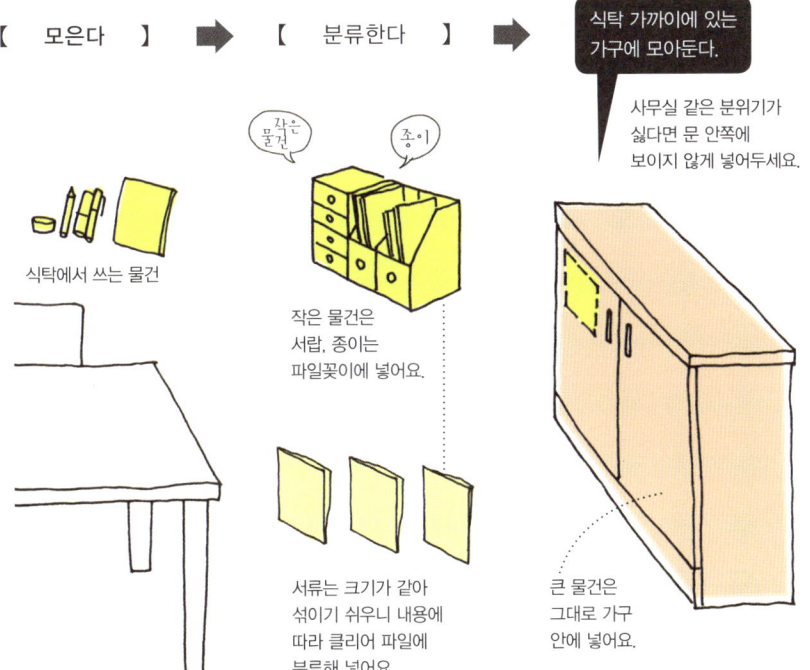

작은 물건은 서랍, 종이는 파일꽂이에 넣어요.

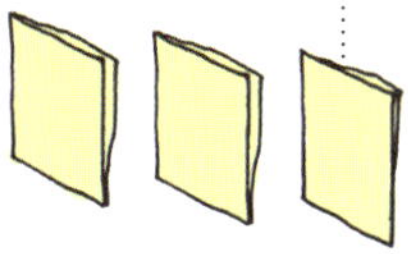

서류는 크기가 같아 섞이기 쉬우니 내용에 따라 클리어 파일에 분류해 넣어요.

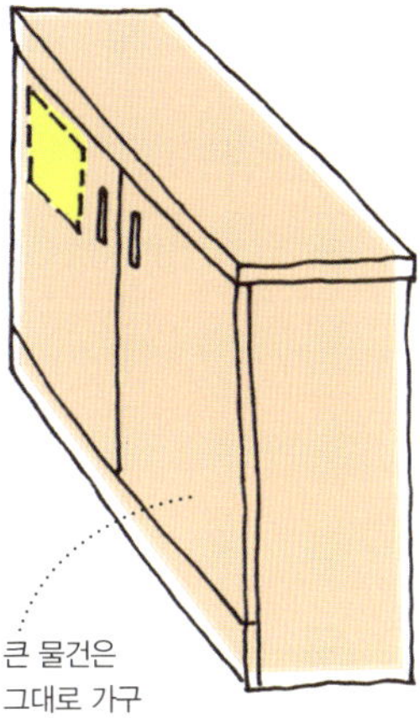

큰 물건은 그대로 가구 안에 넣어요.

식탁 가까이에 있는 가구에 모아놓으면 정리가 귀찮아서 그대로 식탁 위에 어질러놓는 일도 줄고, 필요할 때마다 꺼내 쓰기 편리해요.

Q. 집에 오면 가방을 아무 데나 툭 던져놓게 되고, 그러니 앉아서 쉴 데가 없어요.

before

집에 돌아오면 일단 가방부터 의자에 던져놓게 돼요. 그러다 보면 다시 정리해야 하는 사태가 발생하죠.

이럴 때 유용한

늘리기

가방 자리를 만든다.

1 상황에 맞게 가방을 둘 만한 자리를 정한다.

A. 클리프 행어와 스툴이 이 문제를 쉽게 해결해 줍니다.

집에 돌아오면 가방을 바로 식탁 옆에 걸거나 스툴에 올려두세요. 제자리가 있으면 가방을 여기 뒀다 저기 뒀다 할 일도 없어집니다.

after

p.72 참고
마땅한 공간이 있다면
한쪽에 스툴을 놓는다.
마땅한 공간이 없을 때는
식탁에 클리프 행어를 달아 건다.

식탁 혹은 한쪽에 가방 놓는 자리를 정해두면 번거롭지 않습니다.

change!

2 가방이 흔들리지 않도록 식탁 옆에 행어를 건다.

change!

가방이 떨어질 수 있으니 스툴을 벽에 붙여놓는다.

Q. 아이가 종종 식탁에서 숙제를 해요. 학용품을 죄다 늘어놓고서.

정리 상자와 지금 있는 가구만으로는 금세 어질러져요.

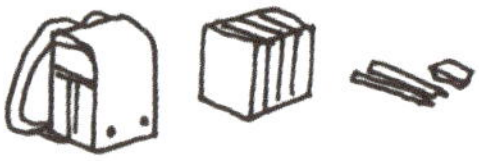

이럴 때 유용한

늘리기

학습 관련 물건을 놓아둘 공간을 늘린다.

1 가구를 둘 만한 공간을 찾는다.
(조리대 옆이나 현재 있는 가구 옆은 어떨까?)

A. 식탁 근처에 책가방과 학용품 놓을 수납 가구를 마련해요.

중학생이 돼서도 거실이나 주방에서 공부하는 아이가 많아요. 학습 관련 물건이 주방에 있는 시간이 더 늘어나는 거지요. 수납 가구를 들여 정리하는 게 좋아요.

after

수납할 물건

아이 방에도 수납할 수 있으니 이곳에는 거실에서 사용하는 물건만 놓아요.

수납 가구 크기

이정도 크기면 충분합니다 (길이 60cm×폭 30cm×높이 90cm).

괜찮지?
응~
수납 가구를 추가한다.
시간표
책가방
가구 옆에 고리를 달아요.

수납 가구에 한데 모아 정리해두면 방이 어질러질 일이 줄어요. 오픈 선반은 물건을 넣고 꺼내기 편하답니다.

2 가구를 놓고 학습 관련 물건을 정리한다. (넣고 꺼내기 쉬운 선반 형태가 좋다.)

plus tip

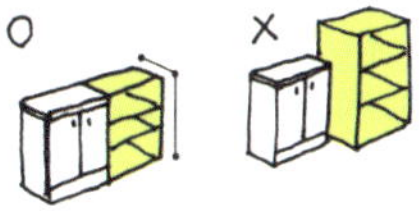

기존에 있는 가구와 높이, 폭을 맞추면 여러 개를 놓아도 깔끔해요.

Q. 식사를 차분하게 할 수가 없어요. 왜 그럴까요?

정리 외에
다른 방법을
알려주세요.

before

주방을 바라보고
앉으면 어수선한 모습이 눈에
들어오게 마련이에요.

이럴 때 유용한
옮기기

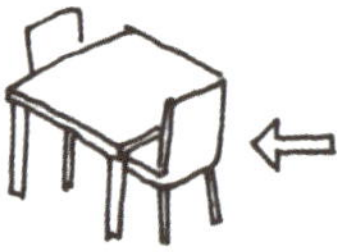

의자 위치에 변화를 준다.

1 물건이 눈에 들어오지 않는
자리를 찾는다.

A. 의자를 옮겨서 앉는 위치를 바꿔보세요.

앉은 자리에서
보이는 잡다한 물건이
마음을 시끄럽게 만들 수
있어요. 이럴 땐
의자를 옮겨 앉는 위치를
바꿔보세요.

after

의자 위치를 90도 회전
이렇게 하면 어수선한 풍경이
눈에 들어오지 않아요.

의자 위치만 바꿔도
어수선한 풍경을 보지 않고
편안하게 식사할 수 있어요.

2 시야가 좋은 자리로 의자를 옮긴다.

plus tip

이런 방식으로 '시야가 좋게 공간을 정리'하고, 반대로 가리고 싶은 물건은 '시야에 들어오지 않게 정리'하는 방법을 생각해볼 수 있어요.

주부는
집에서

팀을
이끄는
감독 같은
존재

가족과 함께 살다 보면 정리해야 할 물건이 사방에서 튀어나옵니다. 남편이 쓰고 아무 데나 놓아둔 물건이라든지, 아이가 마구 늘어놓은 장난감이라든지…. 혼자 살 땐 전혀 일어나지 않았던 이런 일이 골치를 썩이지요. "아니 왜 아무도 정리를 안 하는 거야?" 종종 이렇게 푸념도 하게 되지만, 그럴 땐 이렇게 생각해보면 어떨까요?

'난 우리 팀을 이끄는 감독이야!'

감독의 진정한 묘미는 자신만의 작전으로 팀을 하나로 모아 승리로 이끄는 것이잖아요. 높은 곳에서 전체를 바라보며 모든 팀원을 좋은 방향으로 이끌어가는 것입니다. 누군가 어지럽힌 물건을 주야장천 쫓아다니며 정리해줘도 점점 더 제멋대로 될 뿐이지요. 그럴 바에야 차라리 자신이 직접 지휘관이 되어 팀을 이끈다는 생각으로 움직여보세요. '물건을 이 자리에 두면 약한 선수(가족)라도 정리할 수 있지 않을까?' '다 같이 둘러앉아 전략회의를 해볼까?' 먼저 선수를 쳐서 이런 아이디어를 내보는 건 어떨까요? 이 작전이 제대로 맞아떨어지면 또 다른 보람을 느끼게 될 거예요.

저는 중학교 3년 동안 농구부 활동을 했어요. 당시 저희 팀은 '이렇게 하는 게 무슨 의미가 있을까' 싶을 정도로 엄청 약한 팀이어서 공식 시합은커녕 친선 경기에서도 이긴 적이 거의 없었어요.

그런데 3년째 되는 봄, 농구 경험이 있는 나이 많은 선생님이 농구부 감독을 맡으셨어요. 그 전까지 이렇다 할 지도를 받은 적 없던 우리는 포메이션 짜는 방법이라든지, 공을 어느 위치에서 잡아야 하는지 같은 단순한 것조차 모르는 상태였기에 새로운 감독님의 지도가 마냥 좋았어요. 덕분에 공식 시합에서 매번 지기는 했어도 전처럼 큰 점수 차로 대패하는 일이 줄었고 3년 내내 한 번도 이기지 못했던 옆 동네 중학교를 딱 한 번이지만 이겨보기도 했어요. 그날은 모두가 농구를 한 게 정말 다행이라고 떠들던 기억이 납니다. 좋은 감독 밑에서는 이렇게 뭔가가 변하기 마련이지요. 정리도 분명히 마찬가지라고 생각해요.

Q. 조리대의 이 너저분한 느낌, 어떻게 할 수 없을까요?

before

조리대에 뭘 두지 않으려고 해도 자꾸 물건이 모여서 너저분해져요.

이럴 때 유용한
정돈하기

조리대 위를 정돈한다.

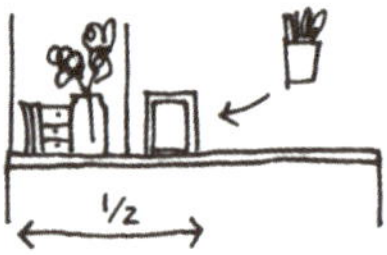

1 일상용품을 조리대 한쪽으로 모은다.

A. 액자나 꽃병 같은 장식품으로 우아하게 감춰보세요.

커다랗고 눈에 띄는 장식품을 놓아두면 지저분한 일상용품이 묻힌답니다. 특히 꽃병은 시선을 끄는 효과가 있어요.

after

그런 다음
꽃병으로 분위기를 낸다.
일단 일상용품을 가리는 것부터
일상용품 앞에
액자를 놓아 가린다.
지갑
문구용품
스프레이류

일상용품보다 큰 사이즈의 액자와 꽃병을 놓아두면 너저분한 느낌이 사라집니다. 조리대 폭의 1/2 정도까지만 되도록 물건을 모두 붙여놓으면 산만해 보이지 않고 정돈된 느낌을 줍니다.

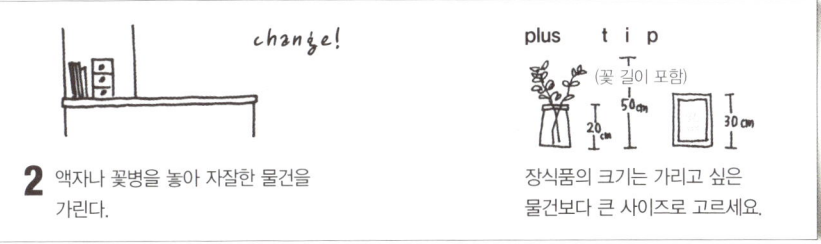

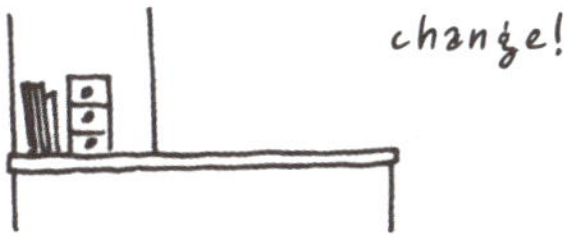
change!

2 액자나 꽃병을 놓아 자잘한 물건을 가린다.

plus tip

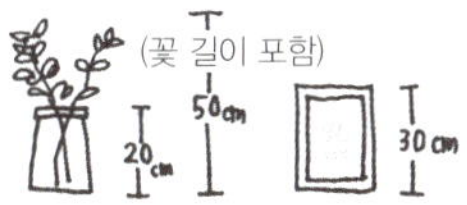
(꽃 길이 포함)
50cm
20cm
30cm

장식품의 크기는 가리고 싶은 물건보다 큰 사이즈로 고르세요.

Q. 가족이 함께 아이패드와 스마트폰을 충전하는 장소로는 어디가 좋을까요?

before

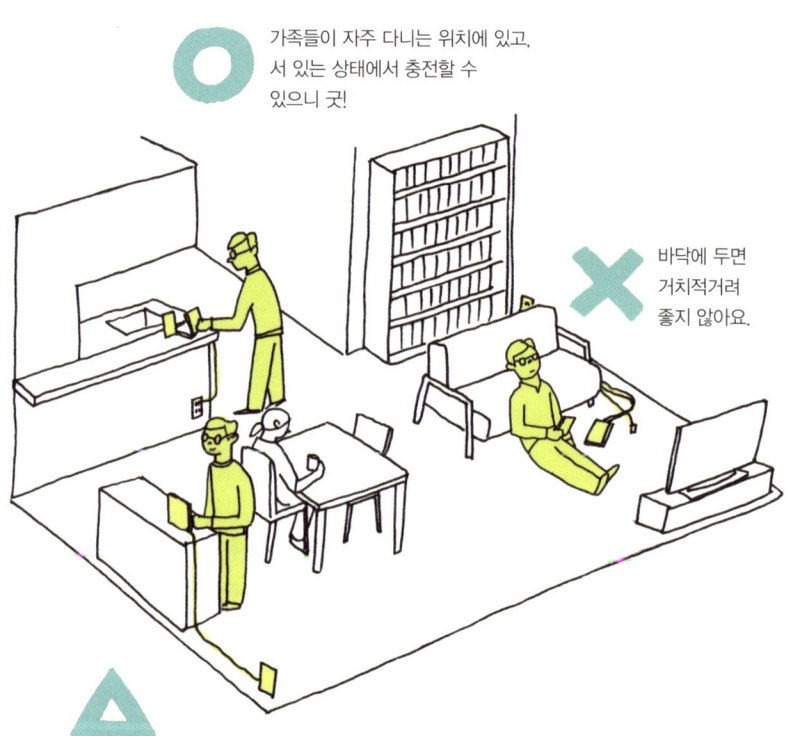

가족들이 자주 다니는 위치에 있고, 서 있는 상태에서 충전할 수 있으니 굿!

바닥에 두면 거치적거려 좋지 않아요.

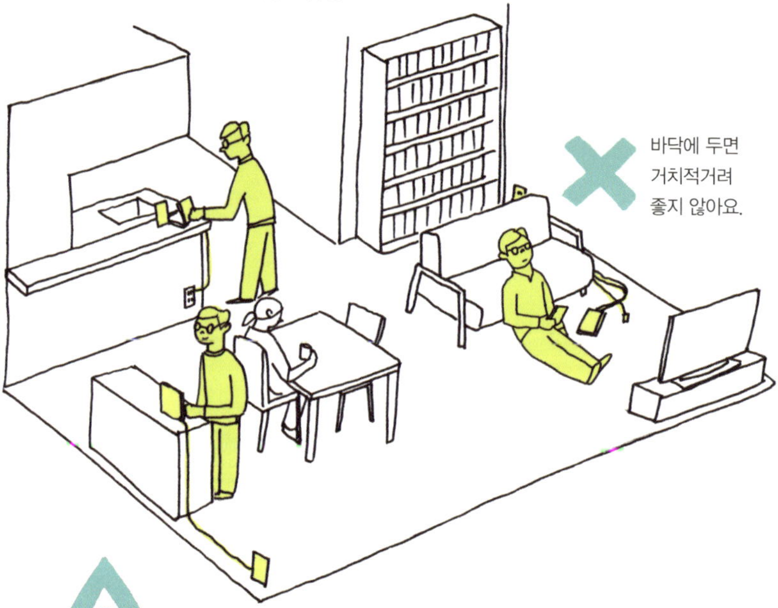

서 있는 상태에서 충전할 수 있으나 테이블 안쪽에 선을 연결하기가 불편해요.

A. 동선이 겹치면서 서 있는 상태로 충전 가능한 곳을 선택해요.

충전기는 가족이 사용하는 것을 모두 한군데에 모아놓으면 편리하게 사용할 수 있답니다. 다만 전기선이 보기 흉하지 않도록 잘 정리만 하면 됩니다.

after

이럴 때 유용한 **정돈하기**

【 가족이 함께 쓸 공간을 정한다 】 ➡ 【 거치대나 트레이를 이용해 더욱더 깔끔하게! 】

조리대 위에
가족이 함께 사용하는
충전 코너를 만듭니다.

태블릿 거치대. 전기선이
안 보이게 뒤쪽으로 넣어 정리하세요.

트레이. 전기선까지
같이 담아둡니다.

Q. 일단 보관하고 있는 영수증은 어떻게 관리해야 할까요?

영수증을 나중에 확인한다면

【 평소 가계부를 쓰는 사람 】

● 항목별
식비, 전기료, 외식비, 친목 활동비, 기타

● 기간별
○월 첫째 주, 둘째 주…

자신이 알아보기 쉬운 방식으로 분류하세요.

파일에 항목별로 분류해놓으면 나중에 확인하기가 쉬워요.

일정한 주기마다 한 번씩 필요 없는 영수증을 버리세요.

이럴 때 유용한 **늘리기**

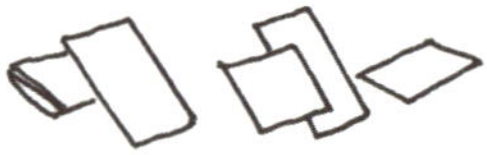

영수증을 보관할 공간을 만든다.

1 나중에 다시 '확인하는' 편인지 '확인하지 않는' 편인지 생각한다.

A. 나중에 다시 확인할 건 클리어 파일에, 잘 보지 않을 건 상자에 둬요.

영수증은 나중에 '다시 볼 건지', '볼 일이 거의 없는지'에 따라 정리 방법이 달라집니다. 자신에게 맞는 방법으로 관리하세요.

나중에 영수증을 찾아보는 일이 거의 없다면

【 평소 가계부를 쓰지 않는 사람 】

상자에 대충 넣어둔다.
p.73 참고

나누어 넣기 좋은 아코디언식 서류 파일(왼쪽), 막 담아놓는 상자형(오른쪽).

모아둔 영수증은 해가 바뀌면 모두 버려요.

2 파일과 상자에 나누어 영수증을 정리한다.

change!

3 정리가 끝나면 가구 안에 넣는다. (자리를 정하면 쉽게 찾을 수 있어요.)

Q. 깔끔하게 바구니에 정리했는데 쓰기가 영 불편해요.

before

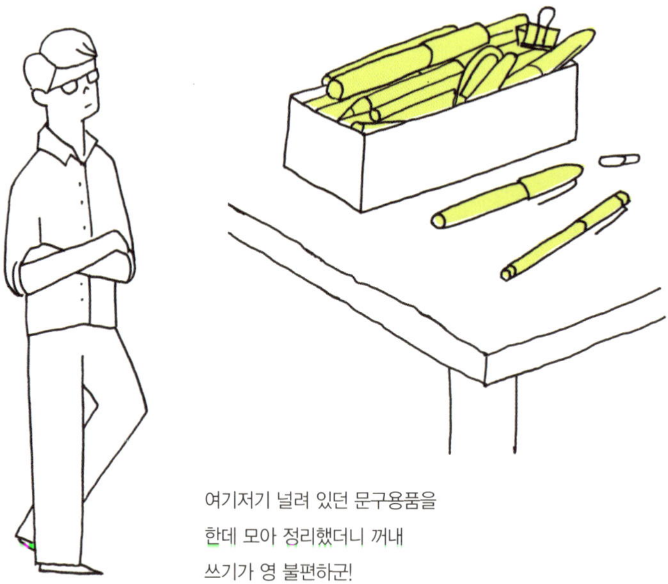

여기저기 널려 있던 문구용품을
한데 모아 정리했더니 꺼내
쓰기가 영 불편하군!

이럴 때 유용한

옮기기

잔뜩 들어 있는 내용물을 줄인다.

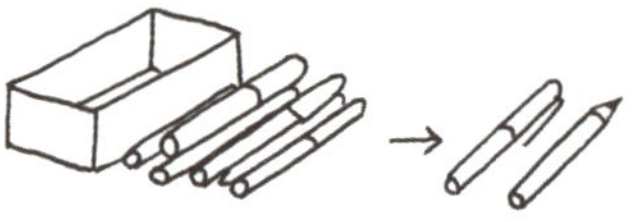

1 같은 종류의 물건은 하나씩만 남긴다.

A. 너무 많이 담아서 그래요. 물건을 줄이면 좀 더 쓰기 편할 거예요.

문구용품처럼 자주 쓰는 물건은 여유 있게 담아야 바로바로 꺼내 쓰기가 편해요. 같은 품목이라고 꽉 채워 넣었다면 내용물을 조금 줄여보세요.

after

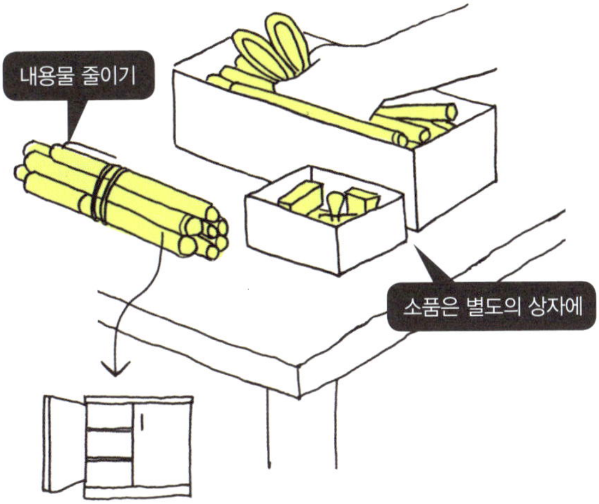

내용물 줄이기
소품은 별도의 상자에

우와, 다 했다~

나머지 물건은 고무줄로 묶어 예비용으로 수납장에 넣어 보관합니다.

상자의 내용물은 한 손에 잡을 수 있을 정도로만 채우는 게 가장 좋아요. 나머지 물건은 따로 보관하세요.

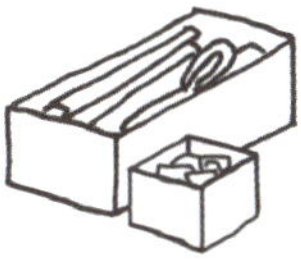

change!

2 클립 같은 작은 물건은 별도로 정리해두면 사용하기 훨씬 편하다.

plus tip

자주 쓰는 물건 = 담아두기 부적당
가끔 쓰는 물건 = 담아두기 적당
단순하게 이렇게 생각하면 정리할 아이템이나 공간이 달라져도 쉽게 판단할 수 있어요.

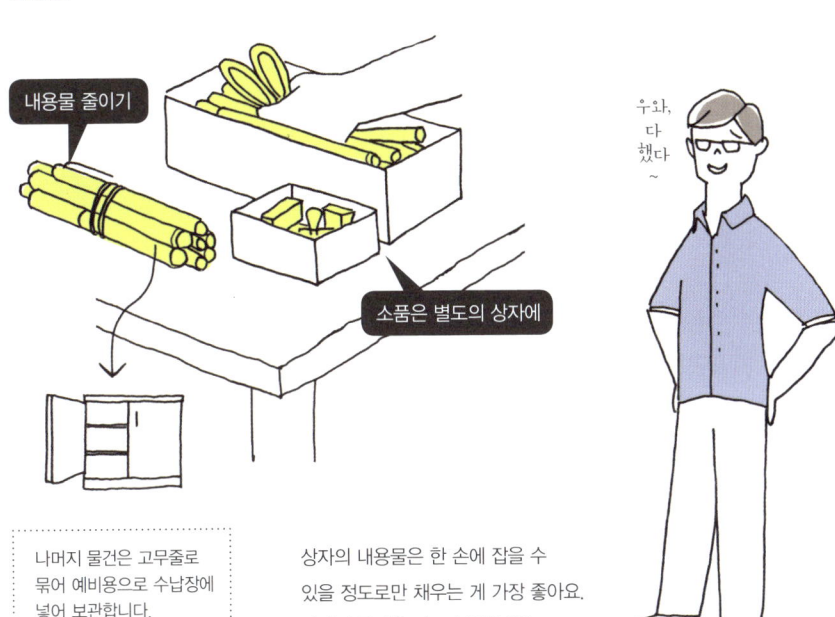

다이닝 룸에서 눈에 띄는 정리 도구

잡다한 물건이 모이기 쉬운 다이닝 룸에서는 식탁 주변이 되도록 깔끔해 보이도록 눈에 띄지 않는 아이디어용품을 이용합니다.

p. 53

비밀 공간 확보, 선반용 와이어 바스켓

식탁 상판에 걸어 작은 물건을 수납할 공간을 만들 수 있습니다. 10cm 높이에 A5 크기 물건을 깔끔하게 수납할 수 있어요.
(펄금속주식회사 선반설이용 바스켓 HW-7305)

p. 57

정리의 효과를 배가시키는 클리프 행어

직장 여성이 들고 다니는 가방은 무게가 대략 4kg에 달한다고 해요. 보통 시중에 판매하는 접착식 고리로는 지탱하기 힘든 무게인데 이 클리프 행어는 10kg까지 지탱할 수 있어요. 묵직한 가방도 안심하고 걸어둘 수 있답니다.
(Stream Trail 클리프 행어)

p. 67

감쪽같은 전선 정리, 태블릿 거치대

태블릿 거치대에도 여러 종류가 있지만 이것은 대나무 소재라 특히 좋습니다. 스마트폰이나 각종 전기선의 딱딱한 느낌을 부드럽게 만들어주지요. 뒤쪽으로 10cm 빈 공간이 있어 콘센트나 전기선이 안 보이게 잘 정리해 넣을 수 있어요.
(이케아 RIMFORSA 태블릿 거치대)

p. 67

인테리어 효과를 주는 전기 리드선

리드선은 밖으로 드러나 눈에 잘 띄므로 디자인이 예쁜 것을 고르는 게 좋아요. 이 제품은 군더더기 없이 심플하고 모던한 디자인이며, 크기도 작아 공간을 많이 차지하지 않아요.
(무인양품 콘센트+리드선)

p. 69

영수증 정리 전용, A5 파일

작은 영수증 전용 파일은 A5 사이즈가 가장 좋아요. 게다가 이건 디자인도 예뻐요.
(LIHIT LAB. CARRYING DOCUMENT A-7588)

3 생각하지 않는 주방

Kitchen

음식을 만드는 주방은 식재료부터 냄비, 식기, 청소용품에 이르기까지
여러 종류의 물건이 모여 있기 때문에 어수선해지기 쉬운 공간입니다.

★

자주 쓰는 물건은
손 닿는 곳에 둔다.

⇣

옮기기 방법으로
적당한 위치에 두세요.

★

뭐든지 금방 꺼낼 수
있도록 만든다.

⇣

늘리기 방법으로
정리 공간을 늘리세요.

★

깔끔해 보이도록
신경 쓴다.

⇣

채우기 방법으로 깔끔한
분위기를 만들어요.

Q. 주방이 늘 복잡해요. 어디서부터 시작해야 할지 모르겠어요.

before

버리지 않고 그대로 둔 병이나 상자 등 잡다한 물건이 죄다 모였네요.

이럴 때 유용한
옮기기

바닥에 놓아둔 물건을 모두 옮긴다.

1 아무 데나 꺼내놓은 물건을 모두 제자리에 놓는다.

휴, 그럼 이제
주방도 힘내서
해볼까요?

A. 먼저 '바닥에 굴러다니는' 것을 없앤 후 정리 모드로 들어가요!

가장 지저분한 부분부터
정리를 시작하면
변화가 확연히 눈에 보이기
때문에 의욕이 솟을 거예요.
이런 기분이 들었을 때
얼른 정리를 시작해볼까요?

after

뭔지 잘 모르겠다 싶은 물건은 눈에 띄지
않는 장소로 옮긴 후
나중에 정리한다.
식재료
바닥에 놓아둔
물건을 모두 옮긴다.
필요
없는
물건

물건을 다 치워 깔끔한 바닥을 보니 마음이 후련합니다.

2 필요 없는 물건을 작은 상자에 담아
가구 끝 라인에 맞춰 안으로 집어넣는다.

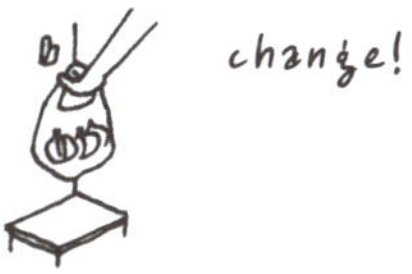
change!

3 식재료는 바닥에 놓지 말고
고리를 활용해 걸어둔다.

Q. 대체 주방에선 어디에 뭘 둬야 해요?

이 기본기만 제대로 익혀두면 일일이 생각하지 않아도 돼요!

before

주방에 정리할 물건은 크게 다음과 같이 나눌 수 있습니다.

요리에 쓰는 물건 쉽게 손이 닿는 싱크대나 가스레인지 주변에 둡니다.

관리에 쓰는 물건 자주 쓰는 물건이 아니니 식기 선반이나 수납장 안에 둡니다.

A. 주방 설비 근처 '요리용품'을, 선반 주변에는 '관리용품'을 수납하세요.

주방에 정리할 물건은 크게 '요리에 쓰는 물건'과 '관리에 쓰는 물건'으로 나눌 수 있어요. 이에 따라 정리하는 장소도 달라집니다. 이것만 잘 기억해두세요.

after

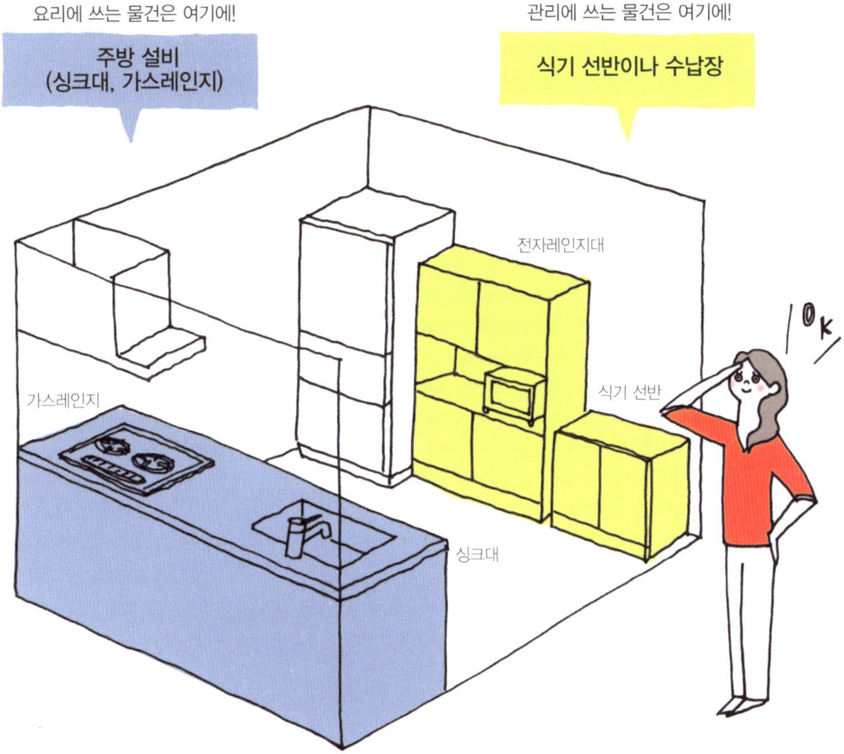

자주 꺼내 쓰는 '요리에 쓰는 물건'과 가끔 쓰는 '관리에 쓰는 물건'을 구분해 정리하기만 해도 훨씬 효율적으로 주방 일을 할 수 있어요.

Q. 음식 만드는 과정이 뭔가 어수선해서 짜증 나요. 무슨 방법이 없을까요?

물건을 잘못 배치한 탓이에요.

before

【 매일 쓰는 세 가지 물건 체크 】

① 국자·튀김용 젓가락

② 설탕·소금

③ 컵과 밥공기

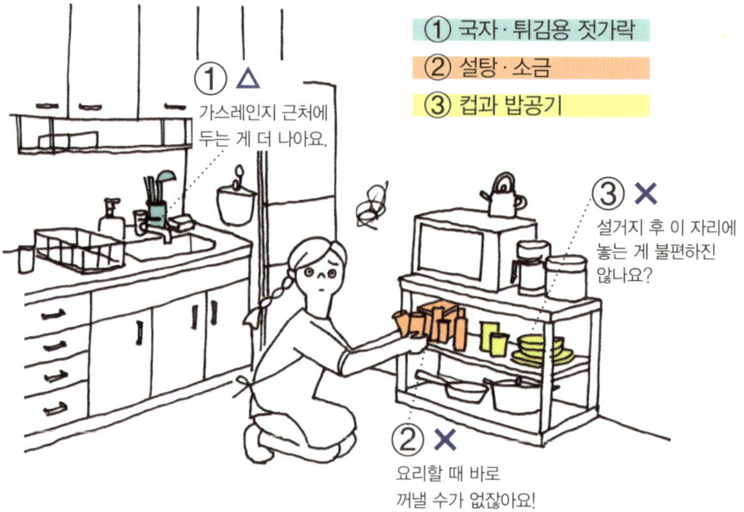

① △
가스레인지 근처에 두는 게 더 나아요.
③ ×
설거지 후 이 자리에 놓는 게 불편하진 않나요?
② ×
요리할 때 바로 꺼낼 수가 없잖아요!

모처럼 새로 산 선반에 자주 쓰는 물건을 정리했건만…….

이럴 때 유용한 **옮기기**

자주 쓰는 세 가지 물건을 옮긴다.

1 자주 쓰는 세 가지 물건이 어디에 있는지 확인한다.

A. 기본 세 가지 물건을 싱크대 위쪽으로 옮기면 동선이 훨씬 편해집니다.

물건 배치를 잘하면
물건을 꺼낼 때 괜히 왔다
갔다 하는 일이 없어집니다.
매일 쓰는 '기본 세 가지
물건'을 싱크대 위쪽으로
모으면 동선이 편해져요.

after

기본 세 가지 물건을
싱크대 위쪽에 둔다.
③
설거지 후 제자리에
놓기 편해요.
됐다!
요리하면서 바로바로
꺼내 쓸 수 있어요.
①②
선반에는 자주 쓰지
않는 물건을 둔다.

기본 세 가지 물건을 싱크대 위에 모아두기만 해도 주방 여기저기
왔다 갔다 하는 시간을 줄일 수 있어요

change!

2 확인한 물건을 모두 싱크대 위쪽으로
옮긴다.

plus tip

적당한 위치라고 생각해 옮겼는데
막상 꺼내 쓰기 불편한 경우나
요리 과정이 뭔가 어수선하게
느껴진다면 물건들의 위치를
옮겨보세요.

Q. 우리 집은 그릇이 많은데 쌓아두니 꺼내 쓰기가 불편해요.

before

높이높이 쌓아 올려서 꺼내는 것만도 큰일입니다. 잘 꺼내 쓸 수 있는 방법이 없을까요?

이럴 때 유용한
옮기기

식기 선반의 그릇을 옮겨 재정리한다.

1 그릇을 일단 선반에서 모두 꺼낸다.

A. 그릇을 쉽게 꺼낼 수 있는 두 가지 방법이 있어요.

그릇은 '한 손에 다 잡을 수 있고, 멀리서 봤을 때 보기 좋은' 정도를 염두에 두면 넣고 꺼내기 쉽게 정리할 수 있어요. 위치에 따라 두 가지 방법으로 정리하세요.

after

허리 높이보다 위쪽에 있는 선반에는

【 두 줄로 놓되 앞쪽을 낮게 쌓는다 】

작은 접시를 앞에 두고 뒤쪽에 큰 접시를 둡니다. 앞쪽이 낮아야 뒤쪽도 잘 보여 꺼내기가 쉬워요.

허리 높이보다 아래쪽에 있는 선반에서는

【 접시를 잡아당겨 그릇을 꺼낸다 】

큰 접시에 작은 그릇 여러 개를 쌓아두고 접시를 잡아당겨 그릇을 넣거나 꺼냅니다.

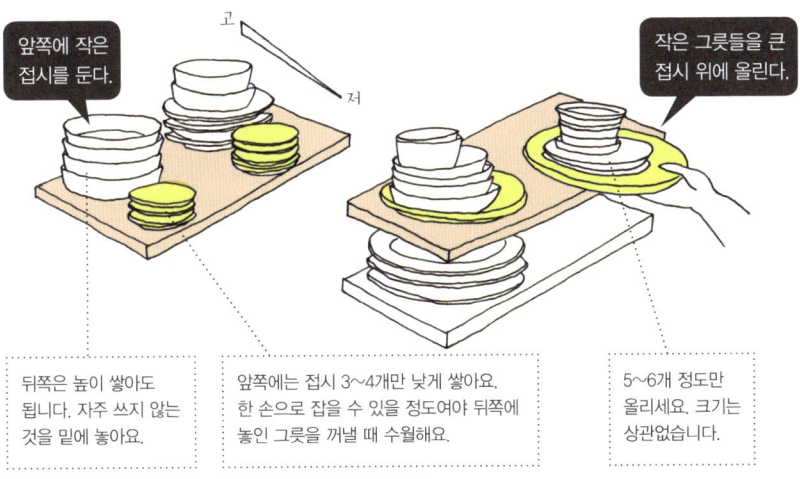

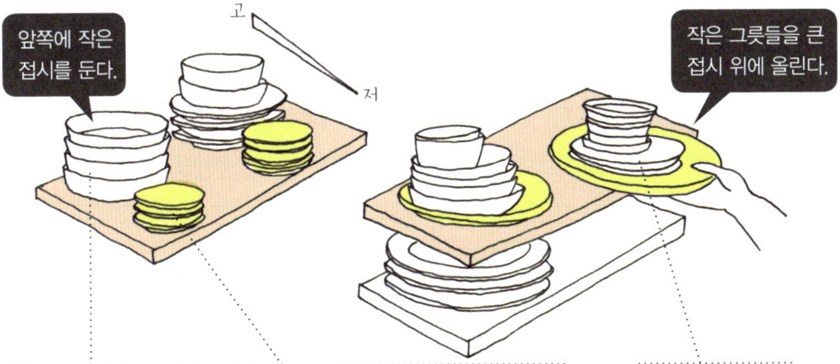

앞쪽에 작은 접시를 둔다.
고
저
작은 그릇들을 큰 접시 위에 올린다.

뒤쪽은 높이 쌓아도 됩니다. 자주 쓰지 않는 것을 밑에 놓아요.

앞쪽에는 접시 3~4개만 낮게 쌓아요. 한 손으로 잡을 수 있을 정도여야 뒤쪽에 놓인 그릇을 꺼낼 때 수월해요.

5~6개 정도만 올리세요. 크기는 상관없습니다.

2 높이를 맞춰 옮긴다. 허리 높이를 기준으로 그릇 놓을 위치와 방법을 정한다.

plus tip

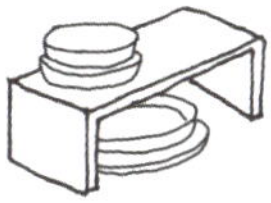

그릇이 너무 많을 때는 ㄷ자 모양의 목제 선반을 활용해보세요. 답답해 보이게 하지 않으면서 수납공간을 늘릴 수 있답니다.

저처럼
물건을
좋아하는
사람은

어떻게 물건을
줄이나요?

“물건을 모으는 사람은 물건에서 ‘또 다른 나’를 발견합니다. 자신이 모은 물건 하나하나가 마치 가족과도 같지요.”

일본 민예 운동의 아버지이자 사상가인 야나기 무네요시가 쓴 〈수집 이야기〉에 나오는 한 구절이에요. 이 말을 조금 쉽게 풀면, ‘자신을 투영한 물건을 주변에 두고 싶어 한다’ 뭐 이 정도 의미 아닐까요? 수집벽까지는 아니지만 물건 모으는 것을 무척 좋아하는 저는 ‘물건이 형제와도 같다’는 말에 절실히 공감해요. 마음에 들어 산 물건이 나와 보이지 않는 끈으로 연결돼 있다고 생각돼 친밀감이 느껴지니 그런 물건을 볼 때마다 당연히 기분이 좋아지지요.

그런데 이런 저도 필요 이상 물건을 두지 않기로 한 장소가 있는데 바로 주방이에요. 물건이 늘어난 만큼 요리 공간이 줄어들기 때문이에요. 마음에 드는 접시를 잔뜩 모아두기보다 요리를 제대로 할 수 있는 환경을 유지하고 싶어요. 그래서 주방에서는 물건보다 공간을 중시해요.

주방용품은 특히 예쁜 것이 많으니 갖고 싶은 것도 많잖아요. 그런 마음을 굳게 다잡고 되도록 공간의 균형을 맞추려고 해요. 대신 하나를 사더라도 제대로 된 것을 사려고 하죠. 최고의 강판, 최고의 주방 가위, 이렇게 만족도 높은 것을 골라 라인업 하려고 합니다.

이런 제 모습에 남편은 두 손 두 발 다 들었지만, 저는 이렇게 조금씩 찬찬히 늘어가는 ‘제 형제’들과 오늘도 내일도 즐겁게 요리를 한답니다.

Q. 싱크대에 물건이 잔뜩 쌓였어요. 쓰기 편하고 깔끔하게 만들고 싶은데….

before

쓰기 편리할 것 같아서 꺼내놨더니 작업할 공간이 없어졌어요.

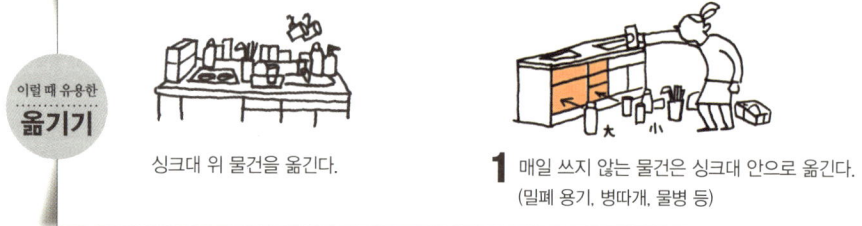

이럴 때 유용한
옮기기

싱크대 위 물건을 옮긴다.

1 매일 쓰지 않는 물건은 싱크대 안으로 옮긴다. (밀폐 용기, 병따개, 물병 등)

A. '숨기기'를 기본으로 하면 요리할 때 편해져요!

싱크대에는 매일 쓰는
최소한의 물건만 꺼내두세요.
주방 시설은 기본적으로
협소하므로 물건이 줄어야
작업 공간이 넓어져
요리하기가 수월해집니다.

after

싱크대 주변의 조미료 선반 같은 것을 없애면 매우 깔끔해집니다.
같은 물건을 여러 개 꺼내놓은 것만 정리해도 물건이 줄어듭니다.

2 설탕, 소금, 간장만 남기고 나머지 물건 중 작은 것은 서랍, 큰 것은 싱크대 안에 넣는다.

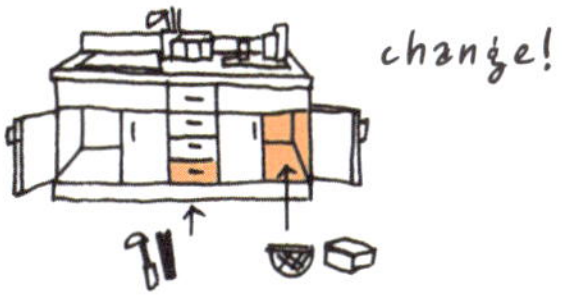

3 물건을 선별해 중복되는 것은 싱크대 안에 넣는다.

Q. 별생각 없이 싱크대 하부장에 물건을 넣었는데 공간이 많이 남아요.

개수대 밑에는 밀폐 용기와 소쿠리 등 부피가 작고 정리하기 쉬운 것이 많아요.

가스레인지 밑에는 조미료와 냄비 등 부피가 크고 정리하기 어려운 것이 많아요.

이럴 때 유용한

늘리기

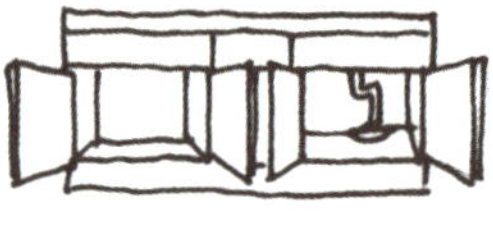

개수대 밑의 수납공간을 늘린다.

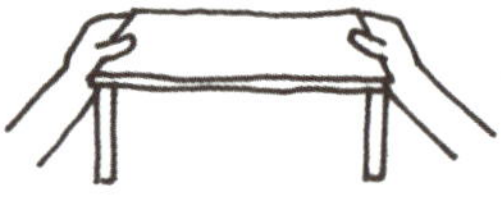

1 개수대와 가스레인지 밑에 ㄷ자형 선반을 둔다.

A. 하부장에 ㄷ자형 선반을 넣어 수납량을 두 배로 늘립니다.

싱크대와 가스레인지 밑에 ㄷ자형 선반을 넣어 수납공간을 늘려요. 특히 가스레인지 밑에는 큼지막한 것을 수납할 일이 많으니 미리 크기를 재두면 좋아요.

after

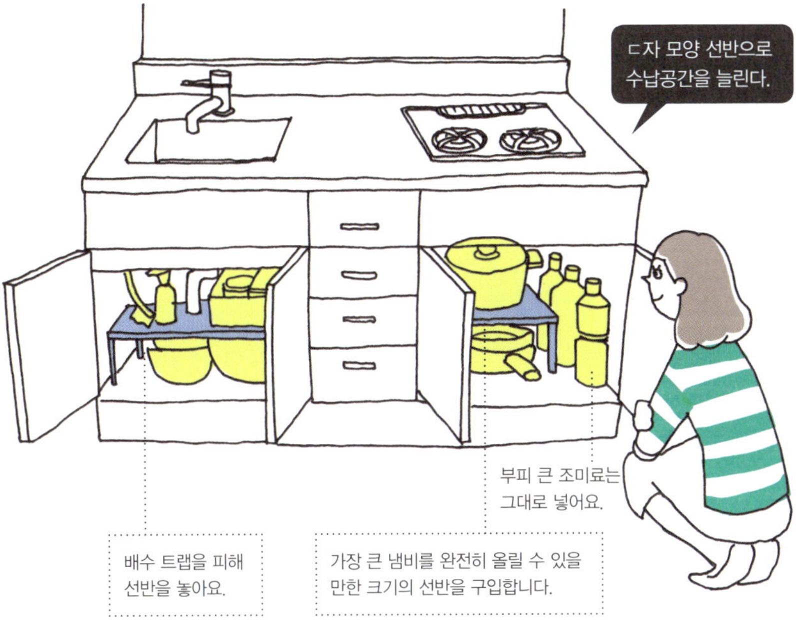
ㄷ자 모양 선반으로
수납공간을 늘린다.
부피 큰 조미료는
그대로 넣어요.
배수 트랩을 피해
선반을 놓아요.
가장 큰 냄비를 완전히 올릴 수 있을
만한 크기의 선반을 구입합니다.

change!

2 선반 위아래에 물건을 수납한다.
(겹쳐놓을 때는 꺼내기 쉽게 2개 정도만)

plus tip

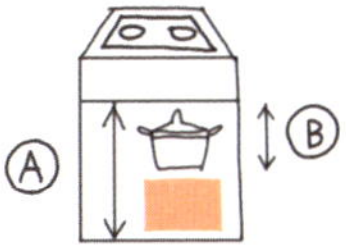
Ⓐ
Ⓑ

선반 구입 전에 가스레인지 밑 높이 Ⓐ와 냄비 높이 Ⓑ를 꼭 재두세요. [Ⓐ－Ⓑ = 선반 높이]

Q. 손이 잘 닿지 않는 싱크대 상부장은 어떻게 활용하면 좋을까요?

before

손도 잘 안 닿고 쓰기가 불편해….

이럴 때 유용한

채우기

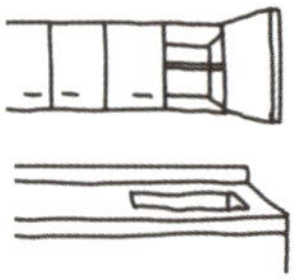

싱크대 상부장을 채운다.

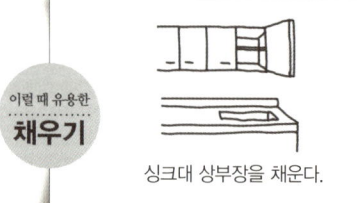

1 정리 바구니에 식품 등을 담는다.

A. 정리 바구니를 넣어두면 쓸모 있는 수납공간이 돼요.

손이 잘 닿지 않는 상부장에는 커다란 손잡이가 달린 수납 바구니를 넣어두고 사용하세요. 이렇게 하면 물건을 넣고 꺼내기가 훨씬 수월하답니다.

after

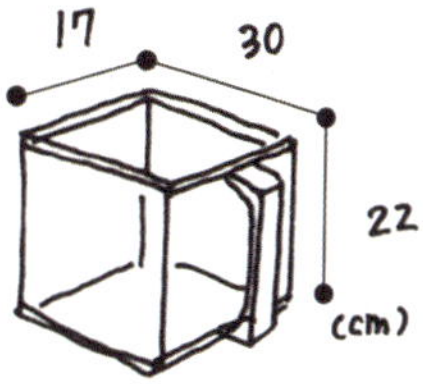

시중에서 판매하는 정리 바구니

정리 바구니를 3~4개 나란히 놓고 사용하면 더욱 편리합니다. 냉장고에 넣지 않아도 되는 식품이나 둘 데가 마땅치 않은 식품, 밀폐 용기 등을 넣어두면 주방 전체가 깔끔해져요.

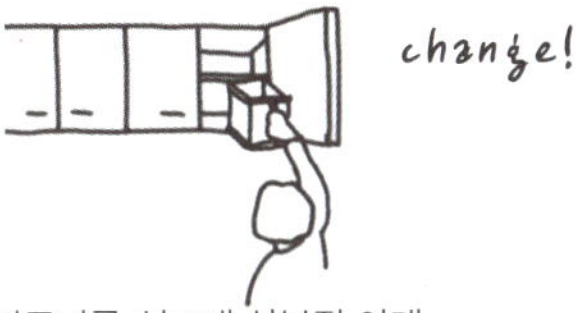

2 정리 바구니를 싱크대 상부장 아래 칸에 넣는다.

그럼 맨 위 칸은 어떻게?

상부장 아래 칸에는 정리 바구니를 넣어 사용하면 되지만 위 칸은 정리 바구니를 사용해도 쓰기가 불편하죠. 이곳엔 잘 쓰지 않는 명절용품이나 크리스마스용품 등을 넣어두세요.

Q. 젖은 행주나 소쿠리처럼 물기 있는 것은 어떻게 정리하는 게 좋을까요?

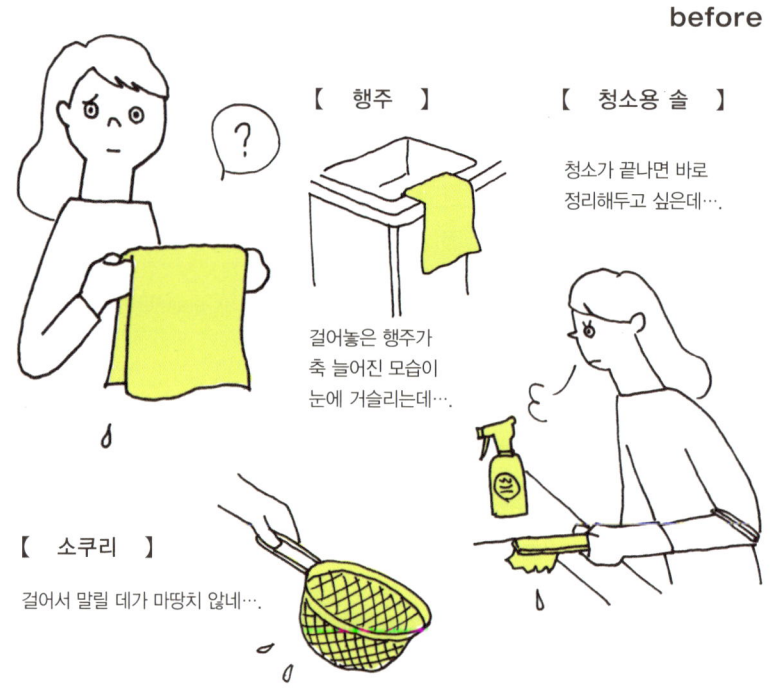

before

【 행주 】

걸어놓은 행주가
축 늘어진 모습이
눈에 거슬리는데….

【 청소용 솔 】

청소가 끝나면 바로
정리해두고 싶은데….

【 소쿠리 】

걸어서 말릴 데가 마땅치 않네….

이럴 때 유용한 정돈하기

행주 청소용 솔 소쿠리

물기 있는 물건을 정돈한다.

수건걸이 원형 용기 볼

1 받침 도구로 쓸 만한 것을 구한다.

A. 싱크대 주변에 받침 도구를 준비해 깔끔하게 정리해요.

물기 있는 것은 걸어서 말리는 공간을 그 물건의 자리로 정해둡니다. 눈에 거슬릴 경우 받침 접시가 될 만한 것을 구해 활용하면 깔끔한 느낌을 유지할 수 있어요.

after

【 행주 】
말려서 흡착식 고리에 걸어두면 보기에도 깔끔해요.
p.108 참고
【 청소용 솔 】
타원형 용기에 청소용품을 정리해두면 눈에 띄지 않아요.
p.109 참고
【 소쿠리 】
물기를 없앤 뒤 볼에 겹쳐놓아요.

2 정리 공간을 찾아 눈높이보다 아래쪽에 정리한다.

받침 도구를 고를 때는!

시중에 판매하는 청소 도구 보관함이나 행주걸이는 크기가 큰 경우가 많아요.
공간이 좁다면 대체할 만한 다른 것을 찾아보세요.

Q. 싱크대 주변의 물건을 깔끔하게 정리하는 요령이 있나요?

before

매번 쓰고 나서 여기저기 늘어놓아 이런 식으로 어수선해집니다.

이럴 때 유용한 **정돈하기**

싱크대 위 물건을 정돈한다.

1 꺼내놓은 물건을 일렬로 늘어놓고 잰다.
(전부 늘어놓은 상태에서 길이와 폭을 잰다.)

A. 캔들 홀더를 활용하면 경계가 명확해져 깔끔한 느낌이 들어요.

캔들 홀더 같은 좁고 긴 사각 접시에 자질구레한 물건을 모아놓으면 한결 정돈된 느낌이 나요. 경계가 명확해져 쓸데없는 물건을 두지 않게 되고요.

after

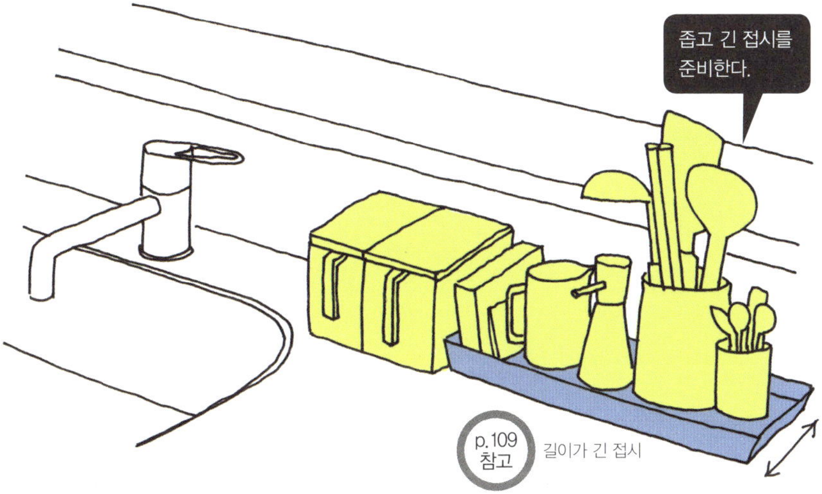

좁고 긴 접시를 준비한다.
p.109 참고
길이가 긴 접시

좁고 긴 접시가 마치 액자처럼 시선을 한곳으로 모아줍니다.
그 옆에 둔 사각 조미료 통과도 잘 어울려 질서정연한 느낌을 줍니다.

change!

2 싱크대 위의 물건을 폭이 좁고 긴 접시 위에 올린다.

긴 접시를 고를 때는!

폭이 10cm 내외인 접시를 고르면 싱크대 위에 놓고 사용해도 거치적거리지 않아요. 고급스러운 느낌을 원하면 플라스틱 접시보다는 도자기 접시를 선택하세요.

Q. 쌀은 보통 어떻게 보관해야 하나요?

before

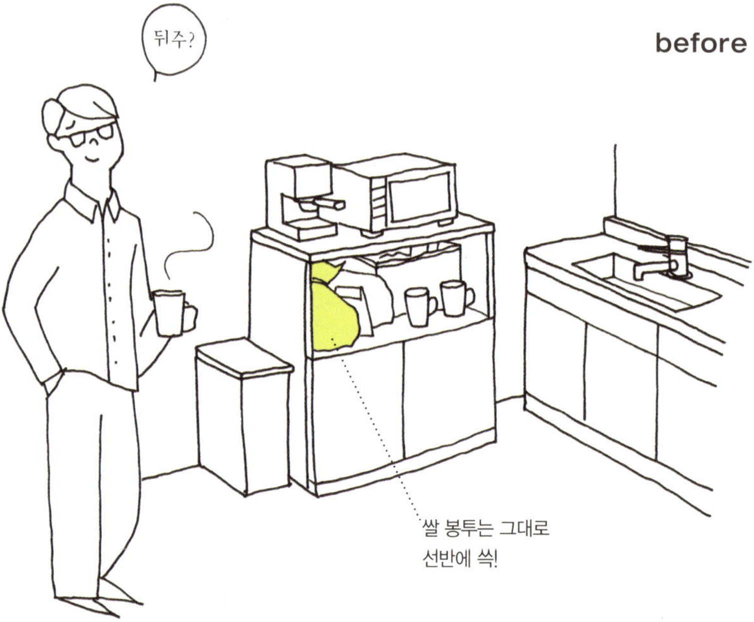

구입한 봉투 그대로 두면 보기에도 안 좋고 산화가 더 빨리 일어나 금세 쌀벌레가 생겨요.

이럴 때 유용한 **정돈하기**

쌀 보관 용기를 사용한다.

1 꺼내둘까, 넣어둘까? 보관 장소를 체크한다.

A. 쓰기 편하고 보기에도 좋은 뒤주로 한 단계 업!

쌀을 어디에 보관하느냐에 따라 수납 용기를 고르는 기준이 달라집니다. 주방 가구 안에 넣을 거라면 형태, 밖으로 꺼내놓을 거라면 소재에 신경 써서 고르세요.

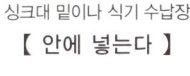

after

보관 장소에 따라 용기를 달리 선택한다.

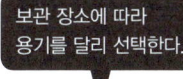

싱크대 밑이나 식기 수납장

【 안에 넣는다 】

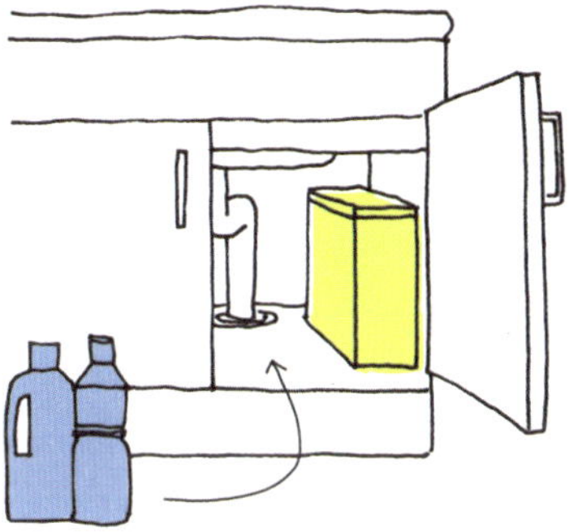

선반이나 조리대

【 밖으로 꺼내놓는다 】

안에 넣는다면 용기의 형태에 신경 써야 합니다. 사각 용기가 수납에 적당하고 다른 물건을 함께 수납하기도 쉬워요.

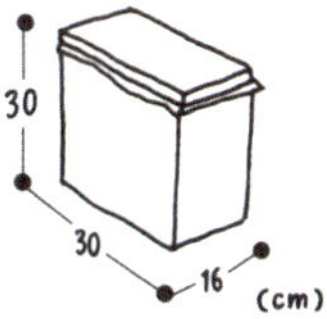

법랑이나 유리로 된 용기는 분위기를 살려줍니다. 위생적으로 사용하기 쉽도록 씻기 편한 형태로 고르세요.

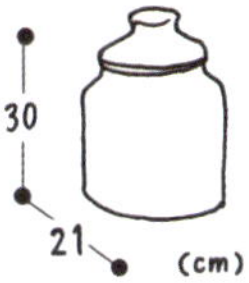

2 꺼내두려면 소재를, 넣어두려면 형태를 기준으로 용기를 고른다.

plus tip

쌀은 무게가 있는 만큼 허리 높이보다 아래쪽에 두는 것이 좋아요. 작은 바퀴가 달린 통을 쓰면 편리합니다.

정리
뒤에

따라오는
것

7년 전 출간한 〈좁은 집 넓게 쓰는 정리의 기술〉에서 "정리를 마쳤을 때 우리가 얻게 되는 것은 '집을 누릴 수 있는 여유'입니다"라고 썼습니다.
사진을 정리하면 과거를 돌아보는 시간이 늘어나지요. 정리에 쫓기지 않으면 정리하는 시간을 취미 시간으로 활용할 수 있습니다. 정리를 마친 후 보내는 일상 자체가 진정한 결과라고, 그런 의미를 전하고 싶었어요.
인테리어 코디네이터인 제게 수납은 목표가 아니라 모든 것의 출발점입니다. 수납이 잘되면 인테리어가 저절로 결정되고 수납 때문에 곤란한 일이 생기는 경우도 없으니 자연히 느긋한 시간을 보낼 수 있게 됩니다. 수납이 어렵다고 시도하지 않는다면 어느 것도 누릴 수 없습니다. 그래서 일단은 수납부터 해결했으면 하는 바람으로 수납과 관련한 책을 여러 권 썼습니다.
'방이 정리되어 있지 않다'는 젊은 여성들은 대개 '너무 엉망진창이라 인테리어를 따질 때가 아니다', '방을 멋지게 꾸민다는 건 나와 너무 먼 얘기다' 이런 말을 합니다. 분명히 지금은 코앞의 다른 것이 큰일이라 그것을 마치는 것이 최우선이겠지요. 그렇지만 만약 이 책의 도움을 받아 정리를 잘 마친다면 그 이후에 한층 더 즐거운 시간과 인테리어 세계가 기다리고 있다는 것을 알았으면 좋겠습니다.
이 책에서 다루는 네 가지 방법 중 '정돈하기'가 있습니다. 정리하는 데까지만 한다면 굳이 필요 없는 방법이겠지만, 장식을 하거나 보기 좋게 정돈하는 것이 수납과 정리에 한층 가까워지는 길임을 알았으면 하는 마음에 함께 다루었습니다. 눈에 거슬리는 것을 액자 뒤에 감추고, 장식용 물건을 생활용품과 나누는 것. 정리 이후의 그 잠깐으로 방이 달라 보이는 것을 꼭 체험해보세요. 인테리어 세계에는 색다른 분위기를 낸다든지 방 전체를 자신의 취향으로 꾸민다든지 하는, 정리와는 또 다른 재미가 가득합니다. 다이내믹한 이 세계에서는 두근거리는 마음도 훨씬 커질 거예요. 정리 뒤에 이런 세계가 기다리고 있다니, 이것 참 멋지지 않나요?

Q. 전자레인지 주변에 물건이 너무 많아 꺼내 쓰기가 쉽지 않아요.

before

식기, 식품, 보존 용기, 잡동사니… 아무 생각 없이 있는 대로 꺼내놨어요.

A. 요리 전과 요리 중, 요리 후 타이밍에 맞춰 정리하세요.

전자레인지 주변의
식품과 잡동사니는
'요리 전, 요리 중, 요리 후'
세 가지로 분류해
각각 모아두면 자연스럽게
정리가 되지요.

after

이럴 때 유용한
옮기기

【 세 가지로 분류한다 】 → 【 각각 모아서 수납한다 】

요리 전

쌀, 통조림

요리 중

핸드 믹서,
블렌더, 주서

요리 후

그릇, 밀폐 용기,
청소용품, 물통,
도시락, 매트 등

그릇은 옮기기 힘드니
그대로 둬도 됩니다.

매일 쓰는 가전제품은 손이
잘 닿는 곳에 둡니다.

'요리 전' 물건은 다소
무거운 것이 많으니
아래쪽에 수납합니다.
뒤주 옆에 모아둔다는
생각으로 정리하세요.

'요리 후' 물건은 그릇
외에 크기가 작은 것이
대부분이므로 손이 잘
닿는 곳에 둡니다.

'요리 중' 물건은
요리 중에 바로바로
꺼낼 수 있는 위치에
둡니다.

Q. 제자리를 정해 정리했는데도 뭔가 어수선한 느낌이 사라지지 않아요.

before

쓰기 편한 위치에 정리했는데 뭔가 정리가 안 된 듯한 이 느낌은….

이럴 때 유용한
정돈하기

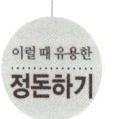

색깔이나 글자를 줄이는 방법으로 정돈한다.

1 어수선하게 만드는 물건을 찾는다.
(잘 모르겠으면 사진을 찍어본다.)

A. 눈에 보이는 정보량을 줄이면 깔끔해져요.

정리를 했는데도 어수선해 보일 때는 색깔이나 글자를 줄여보세요. 화려한 색깔이나 겉포장에 쓰인 문구 등 '눈에 들어오는 정보량'이 많으면 어수선해 보인답니다.

after

①
어수선하게 글자가 많이 박힌 종이류를 정리한다.
②
내용물이 훤히 보이는 유리병을 흰색 자기 용기로 바꾼다.
③
포장이 컬러풀한 것은 뒤쪽으로 옮긴다.

복잡한 정보가 담긴 종이류와 용기를 정돈하면 어수선한 느낌이 사라집니다.
유리처럼 투명한 용기는 내용물이 너무 잘 보이므로 불투명한 용기로 바꾸면 한결 깔끔해 보입니다.
포장이 화려하거나 글자가 너무 많은 용기는 뒤쪽으로 옮겨두면 눈에 거슬리지 않습니다.

2 용기를 바꾸거나 위치를 바꾸는 등 눈에 잘 띄지 않게 한다.

plus tip

스마트폰으로 사진을 찍어봐요. 그냥 볼 때보다 사진으로 보면 어수선하게 만드는 것이 무엇인지 금방 알아챌 수 있어요.

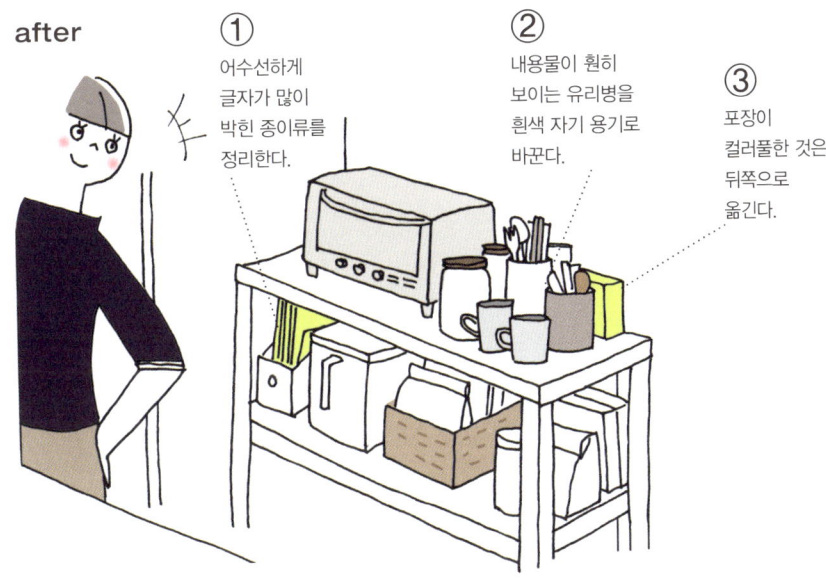

Q. 천으로 감춘다니, 어떻게 하면 되는 거죠?

before

너무 튀는 가전제품, 천으로 가려볼까요?

A. 길이는 거의 딱 맞게, 색깔은 모노톤, 무늬는 약간 있는 것이 좋아요.

천으로 가릴 때는 헐렁한 느낌보다 딱 떨어지는 느낌이 가전제품에도, 공간에도 잘 어울려요. 길이는 너무 길지 않게 하고 색깔은 모노톤으로 선택하면 실패할 일이 없어요.

after

이럴 때 유용한 **정돈하기**

흰색 벽에 어울리도록 흰 바탕에 그레이 무늬가 있는 천을 선택했습니다.

알록달록하거나 무늬가 큰 천은 실내 분위기와 조화를 이루기 어렵지만, 모노톤 천은 어떤 공간에도 잘 어울릴 수 있어요. 너무 수수해 보이지 않도록 살짝 무늬가 들어간 천으로 분위기 있게 연출해보세요.

밖에 둔 상태라면
【 천을 덮는 방식 】

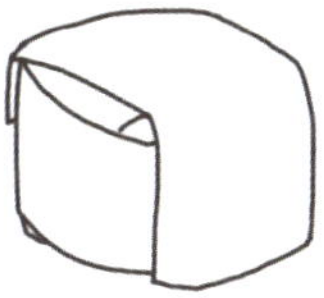

가전제품의 폭에 맞춰 천을 접어 그대로 덮는다.

가구 안에 둔 상태라면
【 커튼을 치는 방식 】

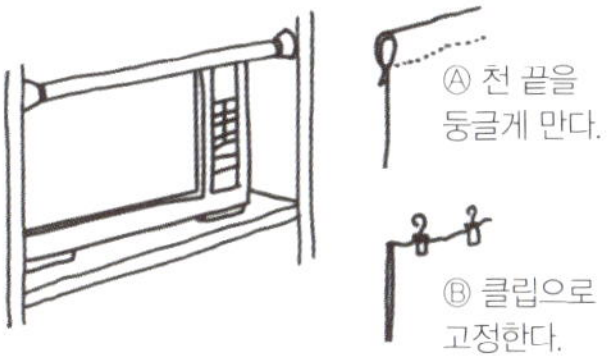

Ⓐ 천 끝을 둥글게 만다.
Ⓑ 클립으로 고정한다.

압축 봉을 달고
Ⓐ 또는 Ⓑ의 방법으로 천을 끼운다.

Q. L자형 주방의 모서리 사각지대가 아까워요.

before

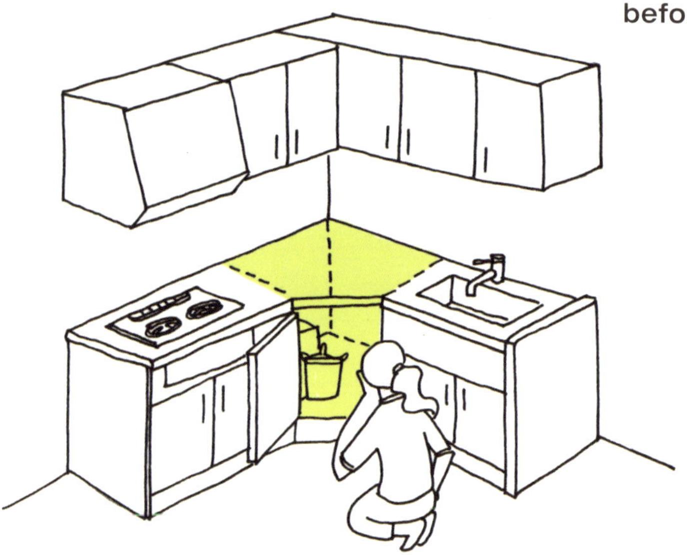

파스타 냄비를 넣어두었는데 안쪽에 아직도 충분히 공간이 있어요.
이 공간을 좀 더 잘 활용할 수 있는 방법이 없을까요?

이럴 때 유용한

옮기기

재난 대비용품을 수납한다.

1 현재 넣어둔 물건을 한쪽으로 모은다.

A. 재난 대비용품을 보관하는 창고로 활용하세요.

L자형 주방의 모서리 부분은 손이 잘 닿지 않아서 무엇을 수납할지 고민하게 되지요. 여기에는 주방용품 대신 평소 쓸 일이 거의 없는 재난 대비용품을 넣어두세요.

after

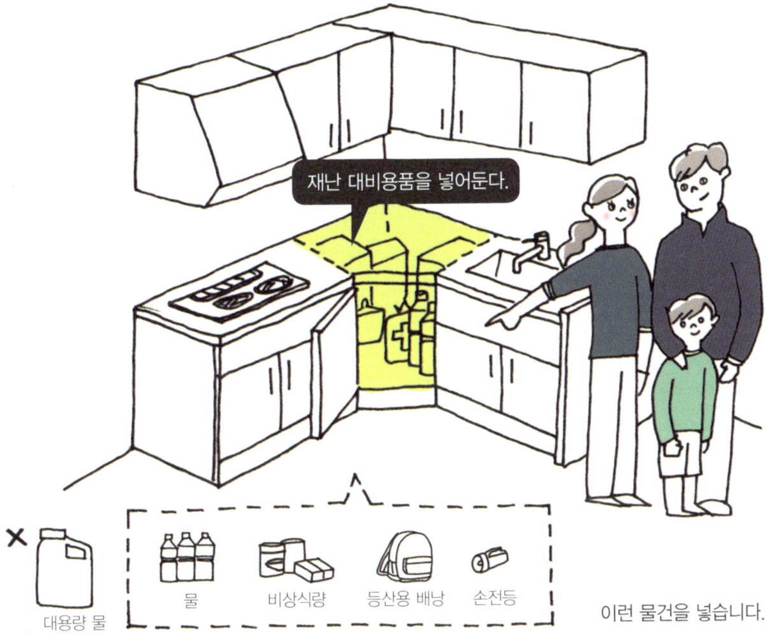

이런 물건을 넣습니다.

2 안쪽에는 무겁고 커다란 물건을, 앞쪽에는 작은 물건을 넣는다.

plus tip

L자형 수납공간은 공간 자체는 넓지만 대부분 입구가 좁아요. 여차할 때 바로 꺼낼 수 있도록 물은 대용량이 아닌 2L 페트병으로 넣어두세요.

주방에서 눈에 띄는 정리 도구

밖으로 꺼내놓고 쓰는 물건은 디자인 중심으로, 안쪽에 넣어두는 물건은 실용성 기준으로 고릅니다.

p.91

공간 활용에 최고! '손잡이 달린 정리 바구니'

튼튼한 손잡이가 달린 정리 바구니는 손이 잘 닿지 않는 곳에서도 활용도가 높은 아이템이죠. 어디서든 쉽게 구입할 수 있습니다.
(길이 17cm×폭 31.5cm×높이 22cm, 에비스 수납 바구니 HS-370)

p.93

보기에도 깔끔한 '흡착식 고리'

흡착식 고리로 괜찮은 디자인을 찾기가 쉽지 않은데, 네덜란드 제품인 프로퍼(Propper) 고리는 흡착식이면서 디자인도 좋아요. 고리 부분이 커서(지름 4cm) 행주를 걸어놓기에 적당합니다.
(프로퍼 고리 791478 그레이)

p.93

주방용 솔 정리에 안성맞춤,
'타원형 밀가루 용기'

타원형 용기는 안쪽을 닦기가 쉽다는 장점이 있습니다.
이것은 원래 밀가루 보관용 밀폐 용기인데 뚜껑을
떼어내고 주방용 솔을 수납하는 용도로 쓰고 있어요.
싱크대 밑에 보이지 않게 넣어두거나 어디든 놓아두기
적당한 크기입니다.
(세리아 밀가루 용기)

p.95

싱크대 위를 깔끔하게 정돈해주는 '캔들 홀더'

싱크대 주변의 자질구레한 물건을 정리할 때 활용도가
좋아요. 저는 안 쓰는 캔들 홀더를 활용했어요.
길이가 43cm라 매장에서 봤을 때는 너무 길다 싶었지만
폭이 11cm로 좁아 실제로 놓아두니 잘 어울렸어요.
세면용 트레이를 이용해도 됩니다.
(이케아 캔들 홀더 IDEAL)

p.105

언제 봐도 멋진 디자인, '움브라 압축 봉'

'압축 봉은 촌스럽다'는 고정관념을 깨주는 캐나다
브랜드 움브라(Umbra) 압축 봉입니다. 아쉽게도 작은
사이즈는 나오지 않지만, 길이 61cm 이상의 선반이라면
활용 가능해요.
(움브라 압축 봉)

4 생각하지 않는 옷장

Closet

옷장은 정리할 종류는 적어도 가짓수가 많아서
정리가 힘든 공간입니다.

★
물건을 마구잡이로
섞지 않는다.
⇣
옮기기 방법으로
같은 종류끼리 모아요.

★
작은 물건은
제자리를 정해둔다.
⇣
늘리기 방법으로
정리할 자리를 만들어요.

★
어떻게든 정리할
방안을 궁리한다.
⇣
채우기 방법으로
모두 수납해요.

★
벽장, 정리함의
활용도를 높인다.
⇣
채우기 방법으로
똑똑하게 활용해요.

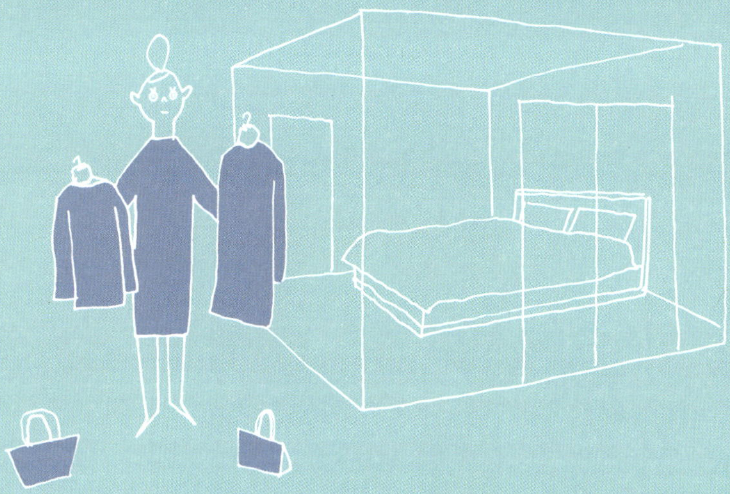

Q. 옷장 문을 열면 옷이 한 무더기로 보여요. 어떻게 해야 할까요?

어디에 뭐가 있는지
매번 생각해야 하는
시간이 너무 아까워요!

before

물건이 엉망진창으로 섞인 옷장에서는 뭔가 없어지고 뒤지며 찾는 과정의 연속입니다.

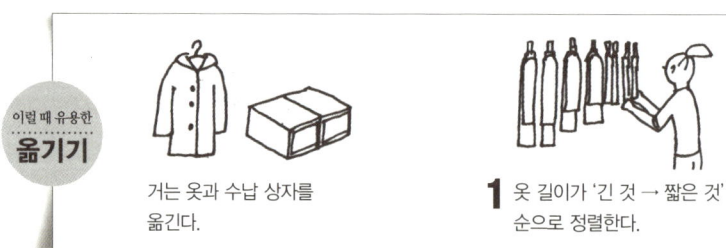

이럴 때 유용한
옮기기

거는 옷과 수납 상자를 옮긴다.

1 옷 길이가 '긴 것 → 짧은 것' 순으로 정렬한다.

A. 옷 길이를 맞춰 걸고 남는 공간에 수납 상자를 넣어두세요.

거는 옷을 길이에 맞춰 길이가 긴 순서대로 걸면 아래쪽에 빈 공간이 생겨요. 여기에 수납 상자를 넣어두면 활용도도 높아지고 어디에 뭐가 있는지 한눈에 보여요.

after

위쪽의 선반은 잡동사니를 수납하는 용도로 활용합니다.

이런 방법으로 옷을 다시 정리해요.

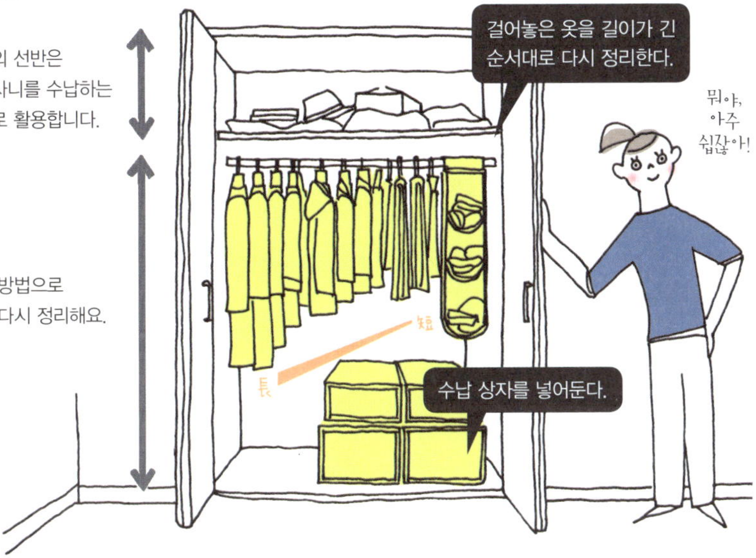
걸어놓은 옷을 길이가 긴 순서대로 다시 정리한다.
뭐야, 아주 쉽잖아!
短
長
수납 상자를 넣어둔다.

이번 기회에 아래쪽의 남는 공간에 수납 상자를 넣어두고 평소 집에서 입는 옷만 정리하세요. 이렇게 옷장 내 영역 구분을 확실하게 해두면 금세 이것저것 섞이는 일이 없어요.

change!

2 짧은 옷을 걸어둔 곳 아래쪽에 수납 상자를 놓는다.

plus tip

옷 길이를 맞춰서 옷을 걸 때 옷걸이에 걸어놓은 옷과 옷 사이에 손을 넣어 비뚤어지지 않게 바로잡으세요. 옷을 똑바로 걸어야 공간 낭비가 없어요.

Q. 옷장에 다 들어가지 않는 옷은 결국 버리는 수밖에 없나요?

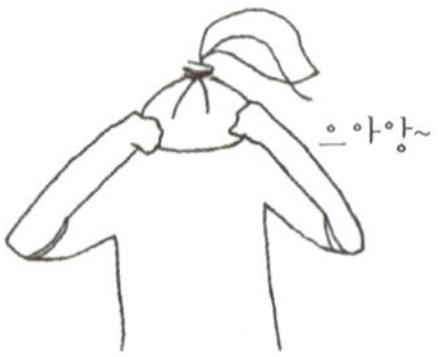

before

남은 옷을 마저 정리하고 싶어도 들어가질 않아요. 버리자니 아깝고… 어찌할 바를 모르겠어요.

이럴 때 유용한

채우기

지금 입지 않는 옷을 고른다.
(주름이 잘 지지 않는 옷이 좋아요.)

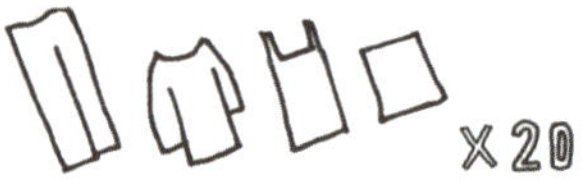

1 안 입는 옷을 20벌 정도 고른다.
(압축 팩 용량에 따라 수량이 달라진다.)

A. 옷을 압축해서 보관하세요. 공간에 여유가 생겨 꺼내 입기도 쉬워져요.

옷이 너무 많은 사람은 압축 팩을 활용해보세요. 부피가 1/3로 줄어들기 때문에 자리를 많이 차지하지 않게 보관할 수 있어요.

after

【 압축한다 】 ➡ 【 옷장에 정리한다 】

p.148 참고

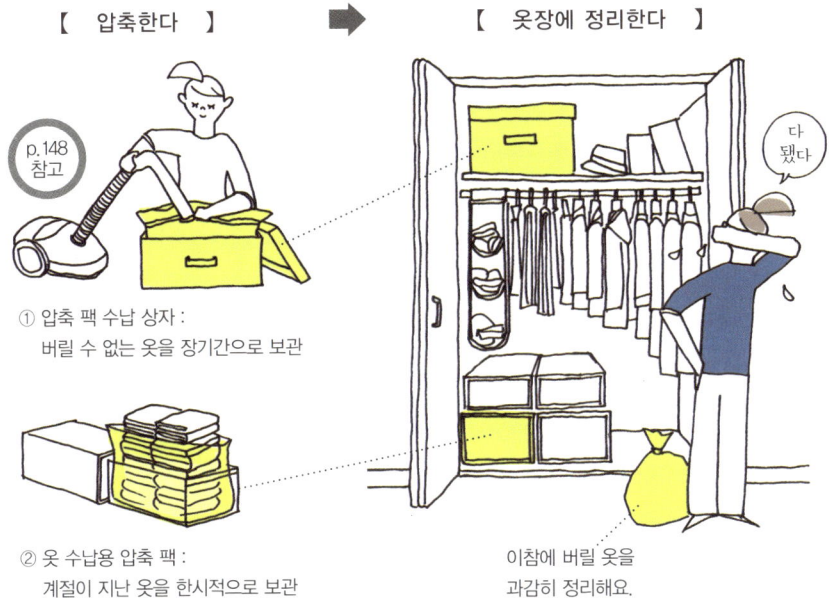

① 압축 팩 수납 상자 :
버릴 수 없는 옷을 장기간으로 보관

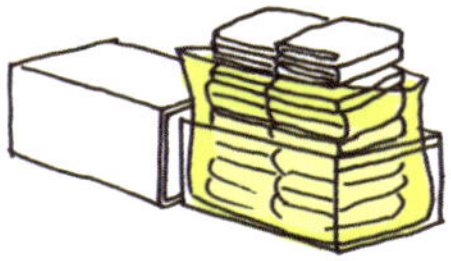

② 옷 수납용 압축 팩 :
계절이 지난 옷을 한시적으로 보관

이참에 버릴 옷을 과감히 정리해요.

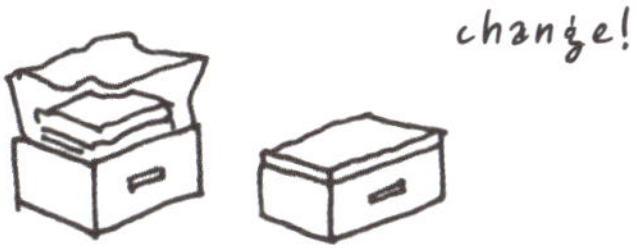

2 압축 팩에 옷을 넣고 압축한 후 옷장에 수납한다.

plus tip

옷장 정리가 안 되는 이유는 옷장 크기 대비 옷이 너무 많아서예요. 지금 입지 않는 옷을 모아 압축시켜 보관하면 꺼내 입기 쉬운 곳에 현재 입는 옷만 보관할 수 있답니다.

Q. 겨울이 왔네요.
작년에 샀던
타이츠가…
어라?
보이질 않아요.

before

추위는 갑자기 찾아오지요. 그나저나 봄에 세탁해서 넣어둔 타이츠는 대체 어디 있는 거지?

이럴 때 유용한
늘리기

계절별 작은 아이템의 수납공간을 마련한다.

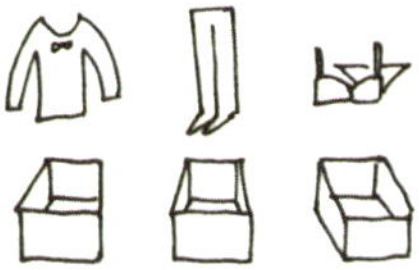

1 상자에 계절 용품을 나눠 넣는다.
(뚜껑 달린 상자는 쌓을 수 있다.)

A. 계절별로 작은 아이템은 한 상자에 넣어두면 금방 찾을 수 있어요.

크기가 작은 계절 아이템은 철 지나 찾으려면 어디에 뒀는지 기억이 잘 나지 않아요. 상자 하나에 모아서 위쪽 선반에 두면 필요한 계절에 쉽게 찾아 쓰기 편해요.

after

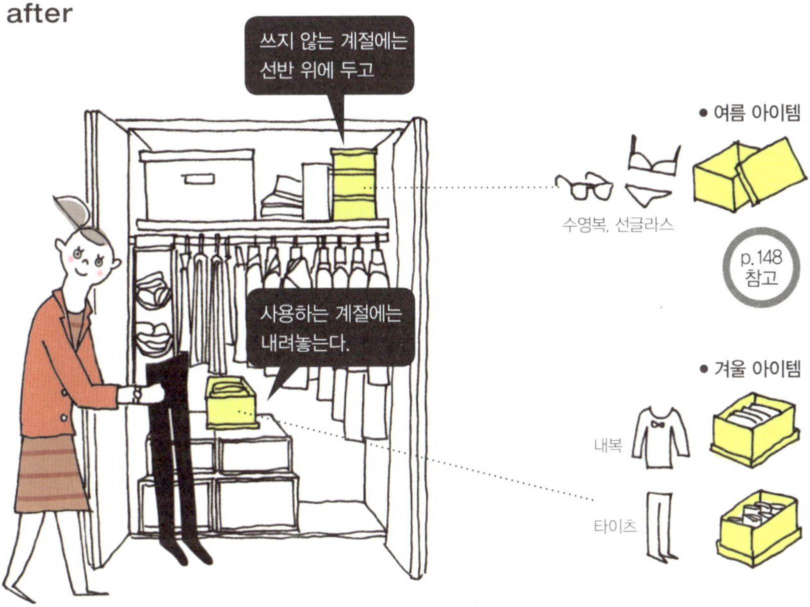

사용 기간이 짧은 계절 용품은 사용하는 기간에 보관 공간을 바꾸는 것이 효율적입니다.

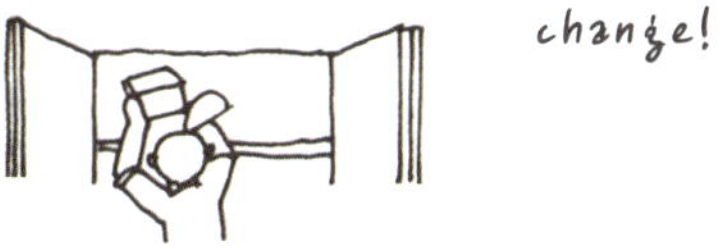

2 상자를 수납한다. 위쪽 선반에 작은 아이템 전용 공간을 마련한다.

plus tip

계절별 작은 아이템 외에도 각종 경조사용 물건이나 여행용품 세트(파우치 등) 같은 사용 빈도가 낮은 물건도 같은 방식으로 수납하면 편리해요.

Q. 가방으로 방이 난장판이에요. 어떻게 정리하죠?

가방 전용
수납용품을 쓸까?
그래도 전부
수납이 안 되는데
어쩌지요?

before

하나하나 늘어난 가방으로
방 전체가 엉망이에요.

이럴 때 유용한
늘리기

가방 자리를 늘린다.

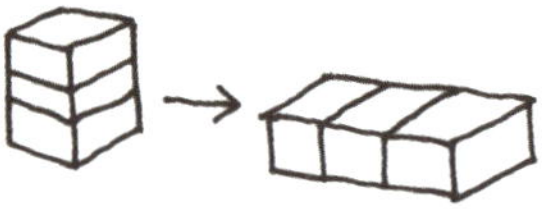

1 가방 상자 둘 곳을 찾는다. 옷 수납 상자를 다르게 배치한다.

A. 뚜껑 없는 상자에 수납한 뒤 옷 수납 상자 위에 올려둬요.

가방은 옷장에 모두 수납하는 것이 목표입니다. 이때 뚜껑 없는 상자를 사용하면 위쪽이 뚫려 있어 더 많이 넣을 수 있어요.

after

가방을 상자에 세워둔다.
옷 수납 상자를 달리 배치한다.
p.149 참고

위쪽 선반에는 소중히 여기는 가방만 수납합니다. 북엔드처럼 칸막이 역할을 하는 도구를 활용하면 편리해요.

정리한 가방 상자를 옷 수납 상자 위에 둔다.

옷 수납 상자 위에 가방 상자를 올려놓을 수 있도록 쌓아뒀던 옷 수납 상자를 내려놓습니다.

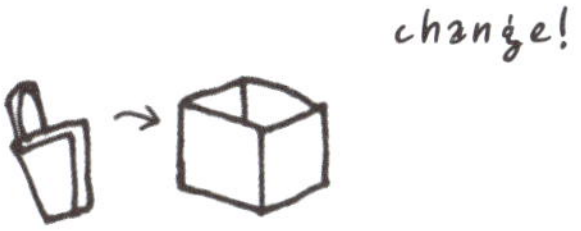

change!

2 가방은 작게 접어서 혹은 세워서 상자에 넣고 옷 수납 상자 위에 올린다.

plus tip

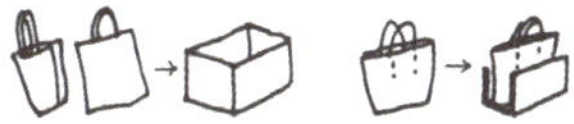

천 가방은 상자에!
가죽 가방은 위쪽 선반에!

가죽 가방은 위쪽 선반에 수납하세요.

Q. 봉걸이 수납함을 편리하게 활용하려면 어떻게 해야 하나요?

before

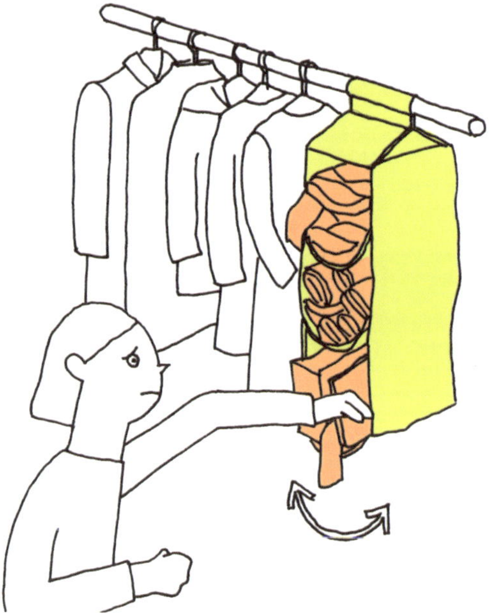

각 칸에 옷이 너무 많으면 꺼내기도 넣기도 불편합니다.

이럴 때 유용한
옮기기

봉걸이 수납함 속 물건을 정리한다.

1 봉걸이 수납함에서 일단 물건을 모두 꺼낸다.

A. 자주 쓰는 것을 여유 있게 넣어두면 편하게 꺼내 쓸 수 있어요.

봉걸이 수납함은 접어서 넣어둔 옷을 바로 꺼낼 수 있어서 편리해요. 그런데 각 칸이 휠 정도로 옷을 많이 넣으면 꺼내는 것도, 넣는 것도 불편해요.

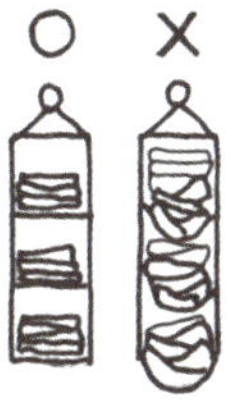

after

예를 들면 이런 물건을

자주 쓰는 물건을 각 칸이 휘지 않을 정도로 넣어둡니다.

2 자주 쓰는 가벼운 물건만 다시 넣어 정리한다.

plus tip

시중에는 소량의 물건을 정리하기에 편리한 수납용품이 꽤 많습니다. 이런 물건을 적절히 활용하면 더욱 깔끔하게 정리할 수 있지요.

Q. 자기 옷은 자기가 정리했으면 좋겠어요! 남편 옷은 어떻게 해야 할까요?

남편이 정리하지 않는 것은 성격 탓이 아니라 정리법을 몰라서죠.

before

부탁하면 대답은 잘하면서 매번 왜 이러는 거야!

이럴 때 유용한
옮기기

남편의 옷과 작은 물건을 옮긴다.

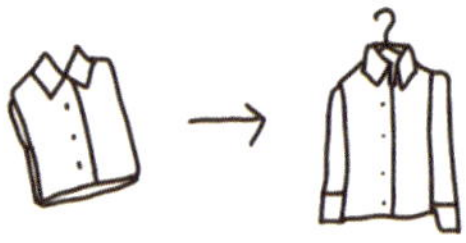

1 상의, 하의 모두 옷걸이에 걸어서 수납한다.

A. 따로 수고할 필요 없이 옷을 걸어두는 정도로도 충분합니다.

많은 남자들이 '옷을 접어서 정리하는' 것을 어려워합니다. 스스로 정리하게 만들려면, 걸이에 걸어두거나 수납함에 넣는 방식으로 바꿔 쉽게 실천할 수 있도록 해주세요.

어때?
할 수 있어.

after

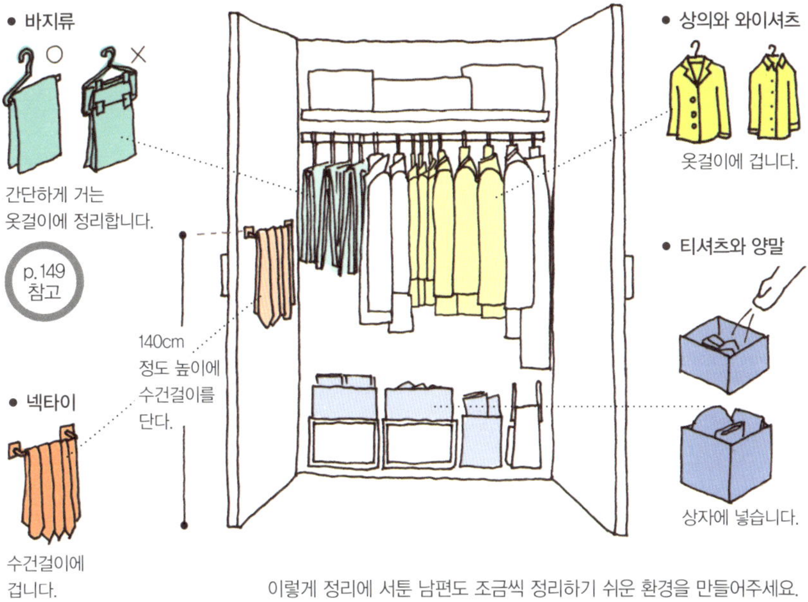

● 바지류
간단하게 거는
옷걸이에 정리합니다.
p.149
참고
● 넥타이
수건걸이에
겁니다.
140cm
정도 높이에
수건걸이를
단다.
● 상의와 와이셔츠
옷걸이에 겁니다.
● 티셔츠와 양말
상자에 넣습니다.

이렇게 정리에 서툰 남편도 조금씩 정리하기 쉬운 환경을 만들어주세요.

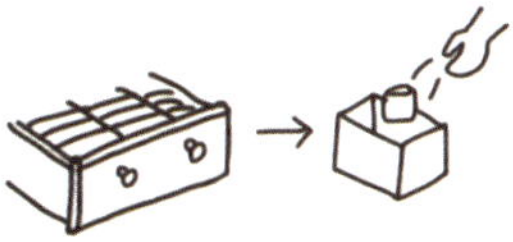

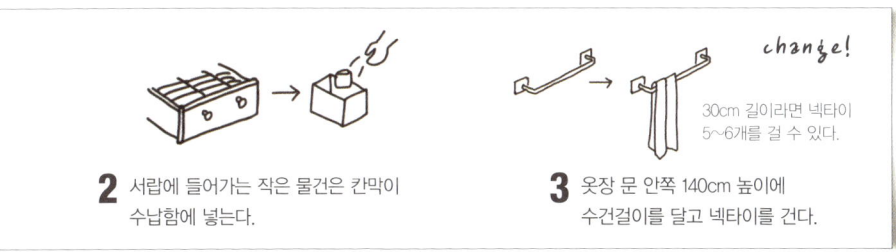

2 서랍에 들어가는 작은 물건은 칸막이 수납함에 넣는다.

change!
30cm 길이라면 넥타이
5~6개를 걸 수 있다.

3 옷장 문 안쪽 140cm 높이에 수건걸이를 달고 넥타이를 건다.

일요일엔

머릿속에
비포와
애프터를
그려요

일요일 오후에 제가 무슨 일을 하는지 아세요?
온라인에서 화제가 된 고양이 영상 같은 것을 찾아봐요. 그런 걸 보다 보면 한 번씩 잔뜩 어질러진 고양이 주인의 방을 보게 되지요. 그때부터는 그 방을 보는 것이 아주 흥미진진해져요. 한정된 영상을 실마리 삼아 '저 정도면 2시간이면 끝나겠는데', '아니야, 공간이 좁지만 저 빽빽하고 답답한 느낌을 해결하려면 하루 이상 걸리겠어' 하면서 말이죠.
부탁을 받은 것도 아니면서 저 혼자 머릿속으로 비포, 애프터를 그리며 고민에 빠지고 한숨을 내쉬기도 하지요. '아, 저 집에 내가 가서 정리해주고 싶어!' 하면서요.
수납 상태에 문제가 생기면 사람 몸에 산소가 부족할 때 나타나는 현상과 같은 것이 집에서도 나타나요. 이런 상태에서는 필기구 같은 작은 것은 정리해봤자 티도 안 나죠. 이때는 좀 더 큰 것에 주목해야 해요.
남아 있는 바닥 공간, 활용 가능한 빈틈이 어느 정도인지 우선 체크해요. 바닥 전체에 물건이 빼곡히 들어차 있다면 빈틈이 거의 없는 거니까 정리하는 데에 시간이 꽤 걸려요. 바닥이 숭숭 비어 있다면 그 빈자리로 물건을 옮기면서 정리하면 되니까 의외로 쉽게 정리가 되지요.
제 마음대로 그려보는 머릿속 비포, 애프터지만 이렇게 머리를 굴리고 혼자 중얼거리며 좋은 방법을 찾아본답니다.

그러고 보니 저는 이래저래 생각을 많이 하는 사람이네요.

Q. 옷을 더 많이 수납할 수 있는 필살기 같은 건 없나요?

before

【 × 접은 옷마다 크기와 모양이 제각각 】

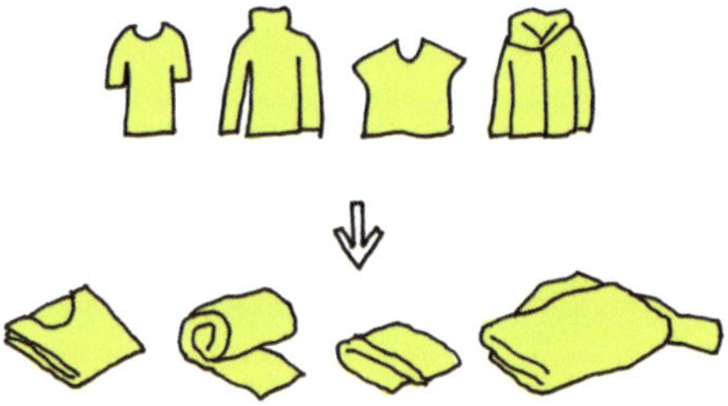

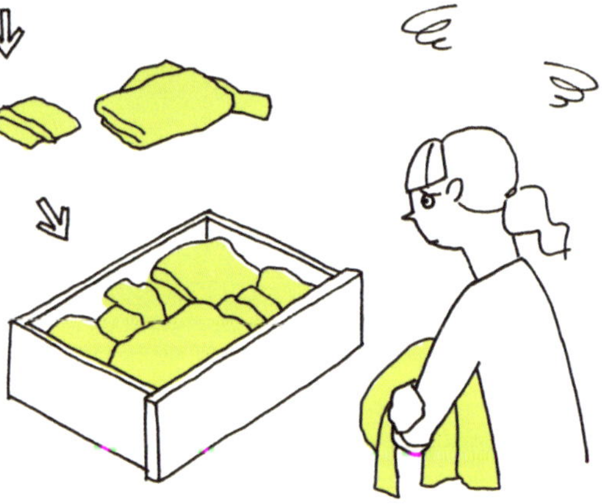

옷을 모두 같은 크기로
가지런히 접지 않았더니
수납 효율성이 떨어지고
많이 들어가지도 않아요.

이럴 때 유용한
채우기

옷을 같은 크기로 접어 수납한다.

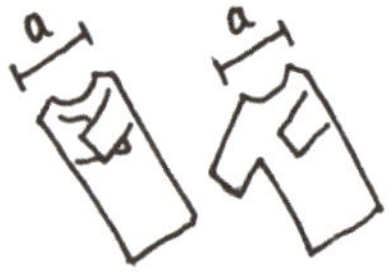

① 크기를 통일해서 접는다.
a 길이에 맞춰 양 소매를 접는다.

접는 건 질색이라고
미리 고개부터 젓지 말아요.
포인트는 단 하나, a 길이를
기억하는 거예요!

A. 옷을 같은 크기로 접으면 규격이 딱 맞아 더 많이 넣을 수 있어요.

옷을 접는 방법을 바꾸면 지금보다 1.5배 이상 많은 옷을 수납할 수 있습니다. 어떤 옷이든 크기를 통일해 접은 후 세워서 수납하세요.

after

【 ○ 접은 옷이 모두 같은 크기 】

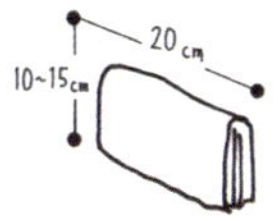

서랍 폭의 절반(a) 정도 길이에 맞춰 접는 것이 가장 좋아요(서랍 폭이 40cm라면 옷을 20cm로 접는 거예요).

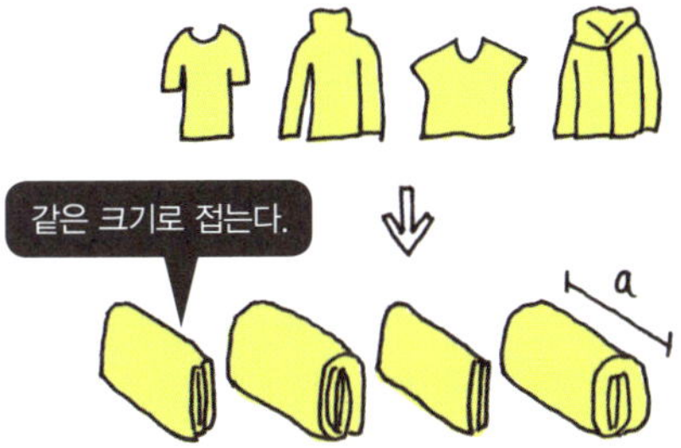

파카든 티셔츠든 같은 크기로 접으면 효율적으로 많이 수납할 수 있어요. 또 세워서 넣으면 나중에 꺼내기도 수월합니다.

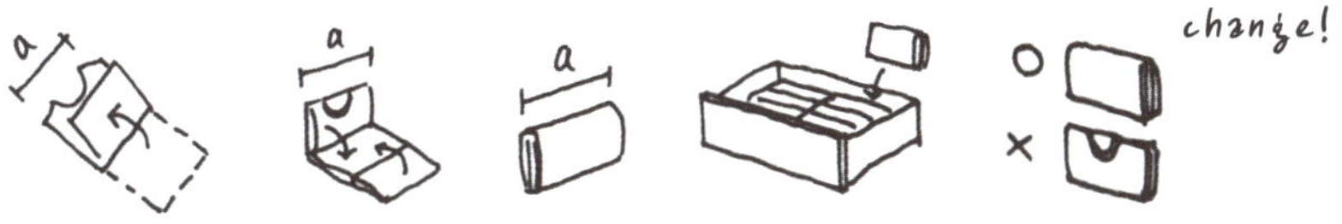

②반으로 접는다. ③다시 3등분으로 접는다. ④완성! ⑤다른 옷도 같은 크기로 접어 세워서 수납한다. ⑥깔끔한 면이 위로 오도록 세운다.

Q. 옷장 아래 서랍에는 무엇을 넣어야 편리할까요?

before

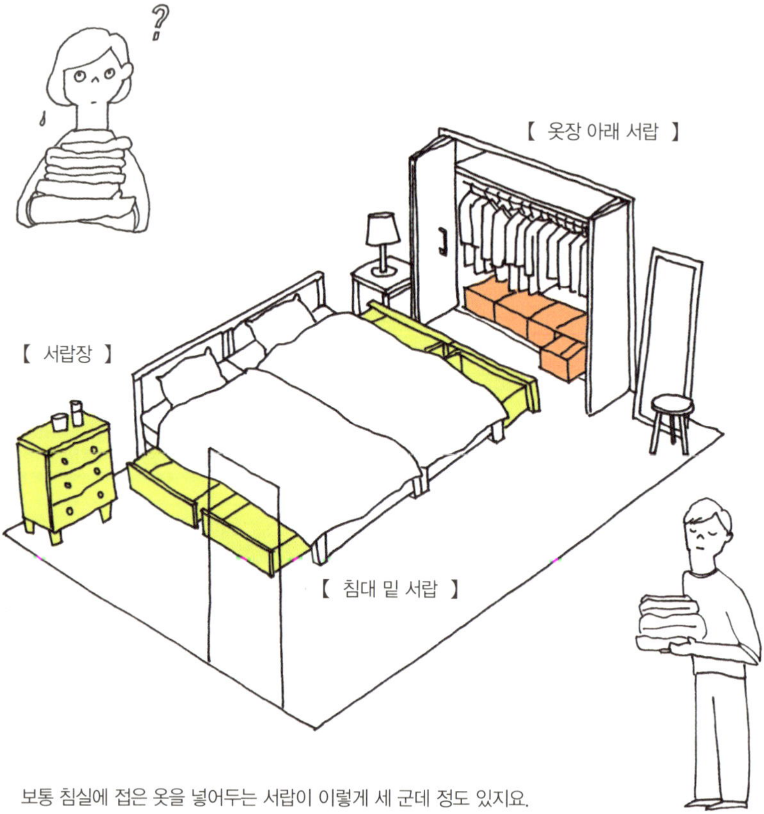

보통 침실에 접은 옷을 넣어두는 서랍이 이렇게 세 군데 정도 있지요.

A. 접어두는 옷 중에서도 지금 입는 겉옷이 적당해요.

옷장 밑에는 지금 계절에 입는 겉옷을 넣어두면 아침마다 옷 고르 때 편합니다. 다른 서랍에는 속옷, 자주 입지 않는 옷을 넣어두세요.

after

이럴 때 유용한

옮기기

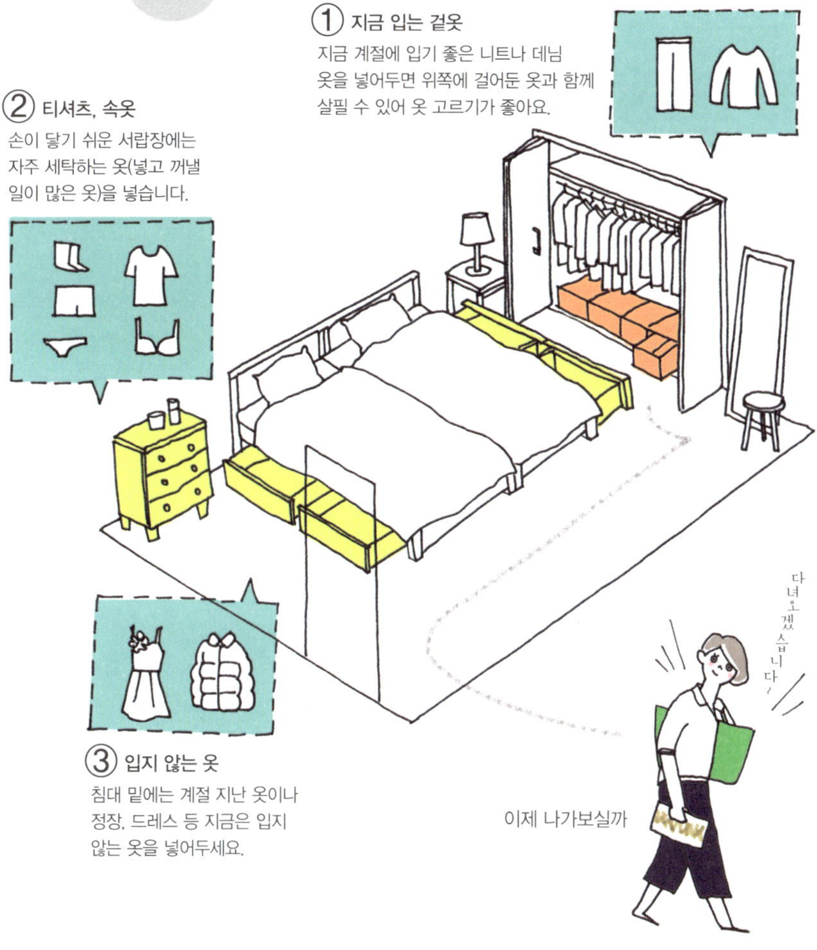

① **지금 입는 겉옷**

지금 계절에 입기 좋은 니트나 데님 옷을 넣어두면 위쪽에 걸어둔 옷과 함께 살필 수 있어 옷 고르기가 좋아요.

② **티셔츠, 속옷**

손이 닿기 쉬운 서랍장에는 자주 세탁하는 옷(넣고 꺼낼 일이 많은 옷)을 넣습니다.

③ **입지 않는 옷**

침대 밑에는 계절 지난 옷이나 정장, 드레스 등 지금은 입지 않는 옷을 넣어두세요.

Q. 옷이 많아 행어를 사야 할까 생각하고 있어요.

before

행어를 이용하니
색깔도 모양도 제각각인
옷이 그대로 노출돼
정신 사나워 보여요.

괜찮다고 생각해서 샀는데 방이 어수선해 보여 정말 유감이에요.

이럴 때 유용한 정돈하기

행어에 걸어놓은 옷을 정리한다.

1 컬러나 형태에 따라 행어에 걸 옷을 다시 선별한다.

A. 걸어둔 옷의 컬러와 개수에 신경 써서 좀 더 깔끔한 인상을 줘요.

행어는 옷을 많이 걸어둘 수 있지만 갖가지 컬러가 그대로 드러나 어수선해 보이기 쉬워요. 이럴 때 옷의 컬러와 개수를 한정하면 통일감이 생겨 깔끔해 보일 수 있어요.

after

컬러와 개수 조정이 힘들면

【 커버를 씌운다 】

옷에 각각 커버를 씌우면 통일감을 줄 수 있어요.

분위기를 업시키려면

【 숫자를 줄인다 】

옷을 선별해 걸어 마치 숍 디스플레이를 하듯 정리해보세요.

더 많이 걸고 싶다면

【 컬러를 줄인다 】

화려한 옷은 옷장에 정리하고 수수한 색의 옷만 걸어둡니다. 그러면 길이, 소재가 제각각이어도 통일감이 생겨요.

걸어둔 옷에 통일감이 있으면 많아도 어수선해 보이지 않아요.

바구니를 두어 아기자기한 분위기를 연출해도 좋고요.

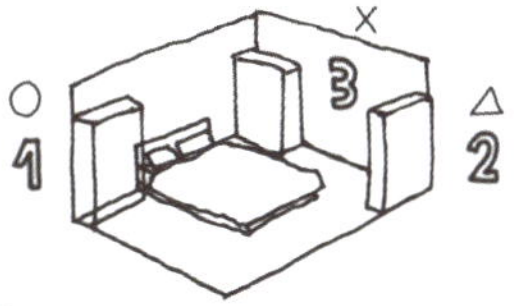

change!

1→3으로 이상적인 장소의 순서

2 행어를 옮긴다. 침대에 누웠을 때 눈에 잘 들어오지 않는 위치가 적당하다.

plus tip

시중에 커버 달린 행어도 나와 있어요. 이런 제품을 활용하는 것도 좋은 방법이에요.

Q. 액세서리를 꺼낼 때마다 불편해요. 좋은 수납 방법을 알려주세요.

before

【 액세서리에 얽힌 불가사의 】

자꾸 먼지가 낀다.

자꾸 엉킨다.

정신 차려보면
산처럼 쌓여 있다.

계속해서 늘어난다.

찾으려 하면 꼭 잘 안 보인다.

A. 칸이 분리된 상자에 나누어 정리한 뒤 서랍 안으로 보내요!

액세서리는 아이템별로 분류해 칸이 분리된 곳에 수납합니다. '엉키고, 쉽게 못 찾고, 없어지는' 것에 대한 스트레스가 바로 해결될 거예요.

after 이럴 때 유용한 **채우기** ➡ 아이템별로 나눠서 정리한다.

① 목걸이

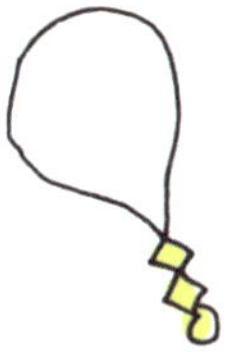

큼직한 것은 그대로 넣어요.

② 귀걸이, 반지, 작은 목걸이

분실 우려가 있으므로 각각 작은 지퍼백에 넣어 세워서 수납해요.

③ 브로치, 팔찌

큼직한 것은 그대로 넣어요.

④ 손목시계

시곗줄을 쫙 펴서 넣어요.

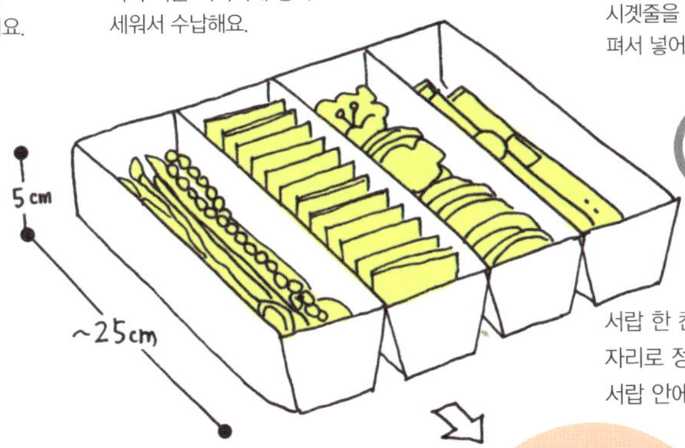

p.149 참고

서랍 한 칸을 액세서리 자리로 정하고 이대로 서랍 안에 넣습니다.

액세서리 수납의 포인트는 정리함의 깊이와 길이에 있어요. 깊이가 너무 얕으면 팔찌 같은 것이 튀어나오기 쉽고, 길이가 너무 짧으면 목걸이 칸이 금방 가득 차게 됩니다. 식기함 정도가 딱 적당해요.

마음
내키지
않을 때

생각하는
것

정리할 마음이 들지 않을 때 저는 옷 정리에 대한 즐거웠던 추억을 떠올리며 기분 전환을 해요.
어린 시절 해마다 두 차례씩 했던 옷 정리는 엄마와 우리 자매의 떠들썩한 연례행사였어요. 특별한 건 아무것도 없는, 그러니까 어느 집에서나 다 하는 평범한 옷 정리였지만 "오늘은 옷 정리 좀 하자" 하고 엄마가 말을 꺼내면 집 전체에 흥분감이 퍼졌어요.
계절 지난 옷을 꺼내 차곡차곡 접어 옷 정리함에 바꿔 넣습니다. 직접 접어 넣으면서 내가 입던 옷을 하나하나 다시 보기도 하고요. 중간중간 언니가 산 바지가 이상하다고 웃기도 하고, "이거 봐, 이렇게 됐어!" 하고 작아서 더 이상 들어가지 않는 티셔츠를 입고는 장난도 치다가, 엄마의 '추억의 노래' 같은 옷을 찾아내 소매에 손을 끼워보고 "이런 옷을 지금 입고 나갔다간 분명 놀림받을 거야" 하며 셋이 배꼽을 잡기도 하고….
옷 정리는 매번 그렇게 잔치처럼 치르곤 했어요. 아주 유쾌하게 더 이상 안 입을 옷과 계속 입을 옷을 나누며 일 년에 두 번 새 계절을 맞을 채비를 했습니다.
이런 기억 덕분인지 대대적인 옷장 정리를 하게 될 때 저는 의무감보다 즐거운 기분이 먼저 들어요. 어쩌다 정리하는 일이 마음 내키지 않을 때는 어린 시절의 추억을 다시 떠올려봅니다. 옷 정리 후에 맛보던 청량감이 훅 살아나면 '다 끝내고 나면 분명 기분이 좋아질 거야' 하고 마음을 바꿔먹게 되거든요.

책을 통해 사람들을 마주할 때 저는 늘 "정리와 수납을 하기 싫은 일이라고만 여기지 마세요"라고 말해요. 즐거웠던 기억이 머릿속에 박히면 다음에 그 일을 할 때 큰 도움이 되기 때문이에요.
그러니 여러분, 정리가 끝났을 때 스스로 칭찬해주고 "좋구나! 잘했어!" 큰 소리로 말하며 자신에게 '즐거운 기억'을 만들어주세요.

Q. 뭐, 침낭이 없다고? 분명히 창고에 넣어둔 물건이 자꾸 행방불명돼요.

before

무거운 것, 가벼운 것, 자주 쓰는 것, 가끔 쓰는 것이
죄다 섞여 있으면 뭐가 어디에 있는지 알 수 없게 돼버려요.
칸막이별로 물건을 구분해 정리합니다.

A. 창고를 6칸으로 나누어 정리할 물건을 정해보세요.

창고를 6칸으로 나눈 뒤 각 칸에 들어갈 물건을 분류합니다(3단×2열). 한꺼번에 죄다 정리하기는 힘드니 무거운 물건부터 한 칸씩 정리해 넣으세요.

after

이럴 때 유용한 **채우기**

1년에 한 번 정도 쓰는

A 가벼운 물건을 위에

(예를 들면 6개 칸을 이런 식으로 나눕니다.)

가벼운 것 → 무거운 것

일상적으로

B 자주 쓰는 물건을 가운데에

넣고 꺼내기 힘든

C 무거운 물건을 아래에

포인트는 수직 방향(3단)의 수납으로, 위쪽부터 [A 가벼운 것]→[B 자주 쓰는 것]→[C 무거운 것] 순으로 수납합니다. 제일 먼저 아래 칸의 물건을 모두 꺼내고 무거운 물건부터 옮기면 파악하기도 쉽고 작업도 수월해집니다. 위 그림에서는 창고의 미닫이문을 염두에 두고 좌우로 나눠서 수납했지만, 같은 물건을 한 칸에 정리해도 됩니다.

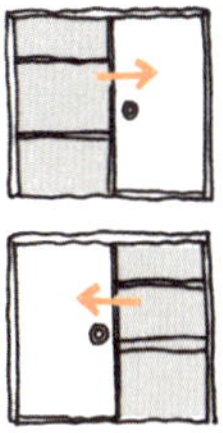

미닫이문의 경우 한가운데 수납하면 넣고 꺼내기 어려우니 좌우로 나눠 정리하세요.

Q. 창고 안쪽은 손도 잘 안 닿고 사용하기 불편한데 어떻게 수납하면 좋을까요?

이럴 때 유용한
채우기

【 정리하려는 물건을 분류한다 】

A 위에 정리할 가벼운 물건
B 중간에 정리할 자주 쓰는 물건
C 아래에 정리할 무거운 물건

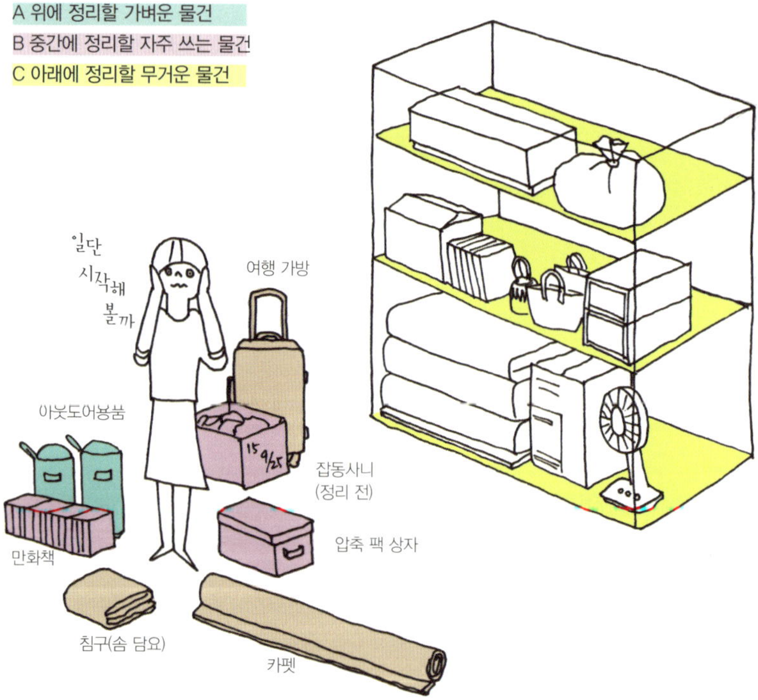

앞 장에서와 같이 정리하려는 물건을 세 종류로 분류합니다.

A. '앞쪽에는 자주 쓰는 것, 안쪽에는 잘 안 쓰는 것'을 기억해요.

창고의 폭이 꽤 깊더라도 기본 규칙은 단 한 가지, '앞쪽에 자주 쓰는 물건을 둔다', 이뿐입니다. 한 칸씩 정리해나가면 쉬울 거예요.

【 한 칸씩 정리해나간다 】

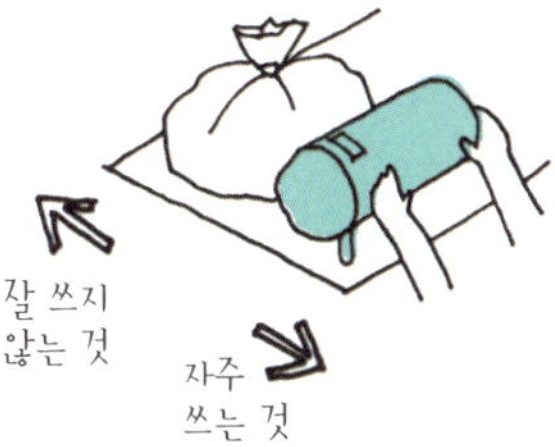

'앞쪽에 놓은 것'과 새로 '정리하려는 것'을 비교해 자주 쓰는 것을 앞쪽에 놓으면 됩니다.

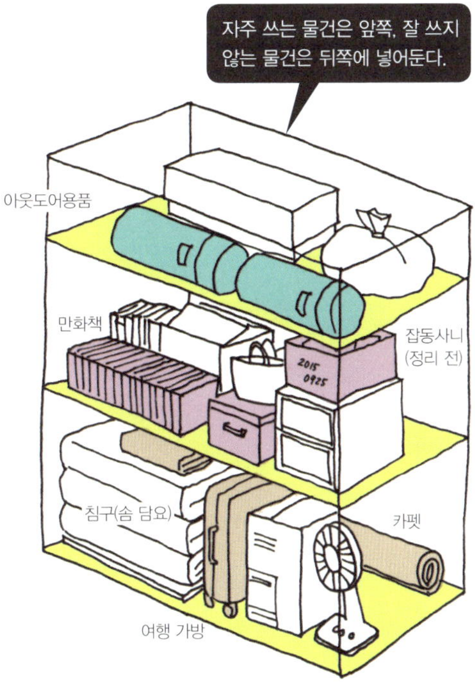

정리하지 않은 잡동사니는 반드시 앞쪽에 두세요. 날짜를 표시해두면 잊지 않고 '이제 슬슬 정리할 때가 되었네' 하게 됩니다.

Q. 압축한 요를 좁은 드레스 룸에 잘 넣는 방법은 뭘까요?

before

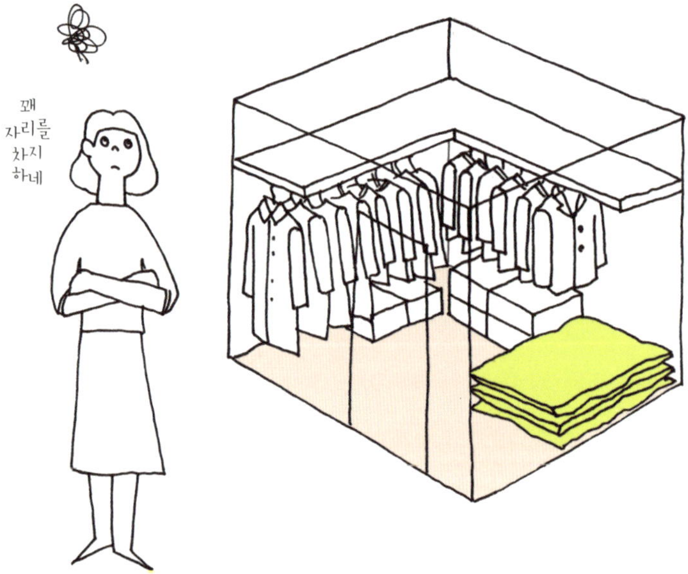

드레스 룸의 폭이 좁아서 압축한 요를 넣으니 벌써 다 찼어요.

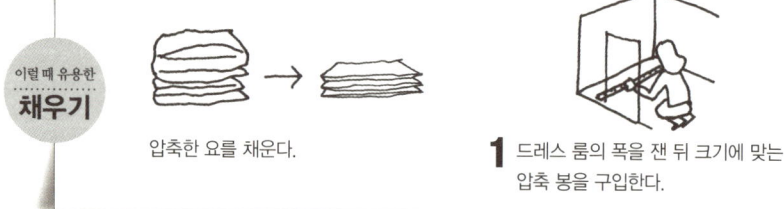

이럴 때 유용한
채우기

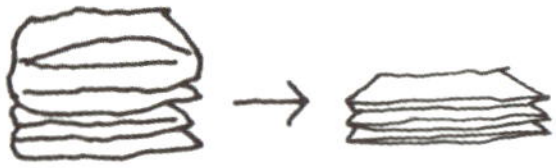

압축한 요를 채운다.

1 드레스 룸의 폭을 잰 뒤 크기에 맞는 압축 봉을 구입한다.

A. 요를 세우고 압축 봉으로 쓰러지지 않게 지탱하면 됩니다.

압축한 요를 세워서 수납하면 자리 차지를 줄일 수 있어요. 압축 봉을 이용하면 요의 무게가 있어도 쓰러지지 않게 잘 세워둘 수 있습니다.

after

어느 벽에 정리하지?
드레스 룸이 직사각형이라면 짧은 변 쪽, 되도록 옷 수납에 방해되지 않는 쪽 벽을 이용하세요.
압축 봉을 설치하고 요를 세워서 수납한다.
압축 봉의 위치는 요의 두께에 맞춥니다.
압축 봉의 남는 부분에는 S자 고리를 걸어 가방 등을 걸어둬도 좋아요.
이렇게 세워서 수납하면 공간을 많이 차지하지 않아요.

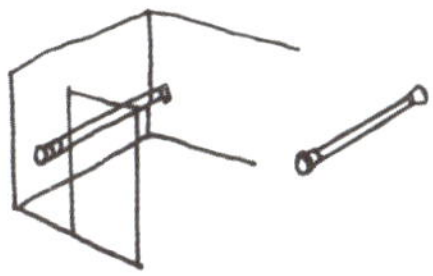

2 압축 봉을 설치한다. 위치는 요의 두께를 고려해 정한다.

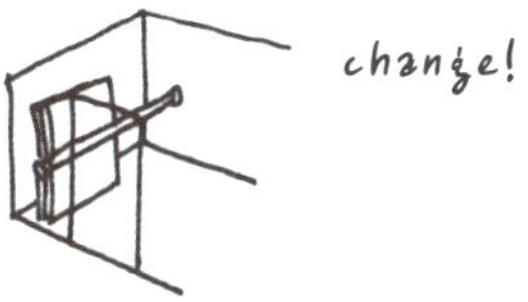

change!

3 벽과 압축 봉 사이에 압축한 요를 세워 넣는다.

Q. 곰팡이와 냄새가 걱정이에요. 어떻게 하면 좋을까요?

before

장마철같이 습도가 높은 계절에는 곰팡이가 피기 쉽습니다.
창고 안에 이불이나 옷가지를 두었을 때 특히 신경 써야 하지요.

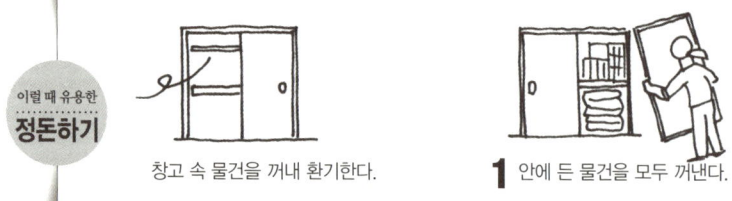

이럴 때 유용한

정돈하기

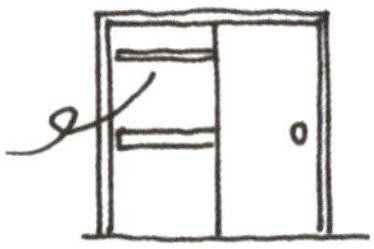

창고 속 물건을 꺼내 환기한다.

1 안에 든 물건을 모두 꺼낸다.

A. 최소 1년에 한 번은 창고를 환기해 내부 공기를 바꿔주세요.

곰팡이와 냄새에 모두 효과적인 환기는 곧 통풍입니다. 창고 안은 바람이 잘 통하지 않으므로 최소 1년에 한 번은 안에 든 물건을 모두 꺼내 환기하세요.

after

'차가운 공기가 머문다 → 수분이 된다 → 곰팡이가 핀다' 이런 메커니즘입니다.

특히 습기가 잘 차는 모서리 부분을 꼼꼼히 체크해야 해요.

안에 든 물건을 꺼내(전부 꺼내기 어렵다면 최소한 이불만이라도) 환기합니다. 반나절 정도 그대로 둔 뒤, 창고 모서리 부분을 만져봤을 때 축축하지 않으면 통풍 완료!

2 반나절 정도 환기한 다음 물건을 다시 넣는다.

효과적인 곰팡이 예방법

제습제는 습기가 차기 쉬운 아래쪽, 안쪽에 둡니다. 이불은 되도록 벽이나 바닥에 직접 닿지 않도록 대나무 발판을 깐 뒤 그 위에 둡니다.

Q. 잘 안 쓰는 수납장을 활용하고 싶은데 생각대로 되지 않아요.

before

문 앞에
물건을 놓아
여닫기
힘들어요.
장 속에 물건이
거의 없어 활용도가
떨어져요.

자주 드나드는 곳이 아니다 보니 관심에서 멀어진 수납장

이럴 때 유용한
옮기기

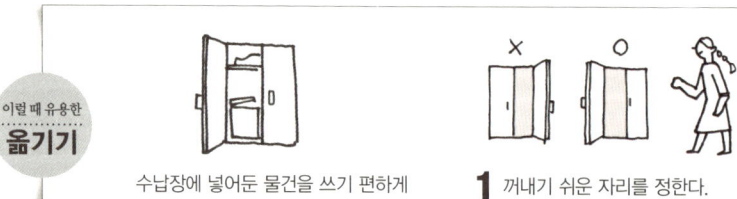

수납장에 넣어둔 물건을 쓰기 편하게 옮긴다.

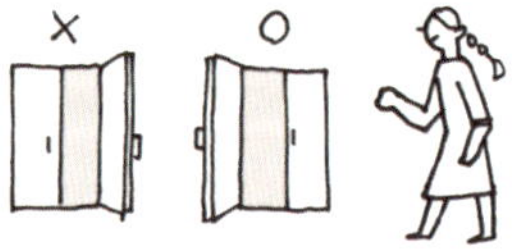
×
○

1 꺼내기 쉬운 자리를 정한다.
(문을 열어 바로 손이 닿는 자리를 체크한다.)

A. 넣고 꺼내기 편한 자리만 잘 이용해도 공간 활용도가 높아집니다.

일단 수납장 문을 열었을 때 바로 '손이 닿는 자리'만이라도 활용해보세요. 수납장을 잘 활용하면 물건을 아무 데나 두는 것이 줄고 집 정리 상태도 개선됩니다.

after

수납장을 일상적으로 활용하는 습관이 들면 주방이나 거실에 두기 애매한 물건이나 평소 잘 쓰지 않는 물건 등을 집 안 여기저기에 두는 일이 줄어듭니다.

2 쓰기 편한 쪽에 물건을 넣는다.

plus tip

자리를 많이 차지하는 청소기와 다리미대, 밖에 그냥 두기 쉬운 대걸레 등 부피가 크거나 길이가 긴 물건을 넣어두면 딱 좋아요.

Q. 잘 넣어두긴 했는데 꺼내 쓰기가 불편해요. 방법이 없을까요?

before

이런 물건을 넣었어요

- 다리미대
- 다리미
- 두루마리 화장지
- 여분의 걸레
- 청소용 세제

일단 자주 쓰는 물건을 왼쪽으로 모았지만 잔뜩 모아두기만 해서 정리가 안 된 건 마찬가지예요.

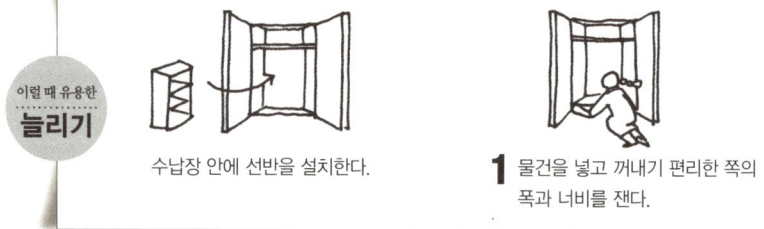

이럴 때 유용한 **늘리기**

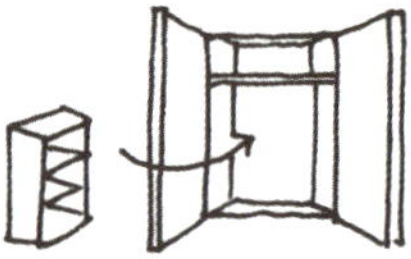

수납장 안에 선반을 설치한다.

1 물건을 넣고 꺼내기 편리한 쪽의 폭과 너비를 잰다.

A. 선반을 설치해 칸을 분리하면 활용도가 훨씬 높아져요.

선반을 설치해 칸을 늘리면 물건을 넣고 꺼내기가 수월해집니다. 이런 식으로 사용이 편한 방법을 찾아가면 수납장의 활용도가 점점 더 높아지지요.

after

선반을 설치하면 어디에 뭐가 있는지 한눈에 들어오므로 물건을 넣고 꺼내기가 한결 수월해집니다.

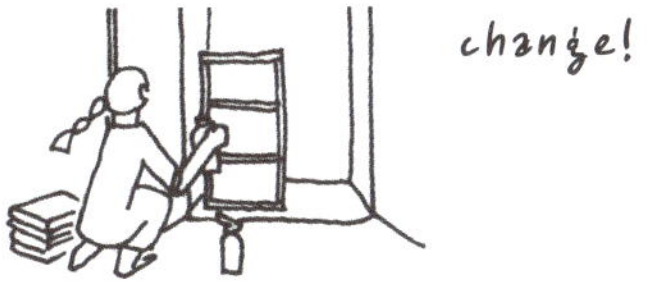

2 선반을 설치하고 물건을 정리해 넣는다.

선반 고르는 법

장 속의 선반은 눈에 띄지 않으므로 낡은 MDF 박스 같은 것을 활용해도 상관없어요. 크기는 수납장 한쪽 문 안에 들어갈 정도의 너비에 90cm 높이를 기준으로 하세요.

옷장에서 눈에 띄는 정리 도구

옷장 안에서는 언제나 옷이 주인공이 될 수 있도록
도구는 색과 모양이 심플한 것을 선택합니다.

p. 115

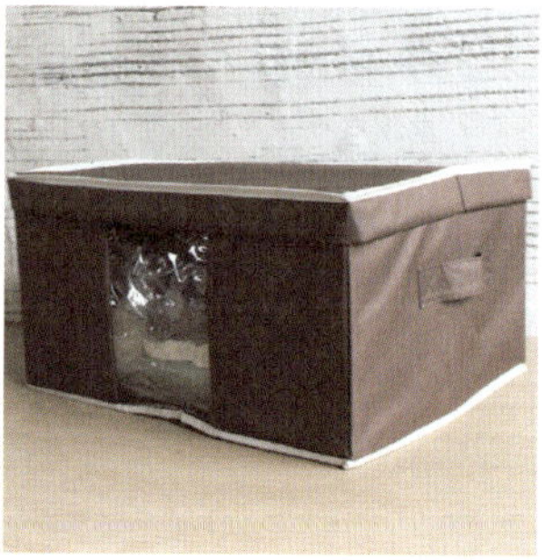

옷 정리가 수월해지는 '압축 팩 수납 상자'

압축 팩 수납 상자는 압축 후 사각형이 유지되어 옷장에 수납하기 편리해요. 다만 크기가 크면 무게가 꽤 나가는 만큼 위쪽 선반에 둘 때는 이 점을 유의하세요.
(홈쇼핑 등에서 구입 가능)

p. 117

작은 계절 용품은 '뚜껑 있는 수납 상자'

타이츠나 여름용 아이템의 수납 상자로는 길이 13cm×폭 26cm×높이 10cm 정도가 적당합니다. 내복은 수납하기에 다소 작은 크기이니 좀 더 큰 사이즈를 고르세요.
(이케아 뚜껑 달린 수납 상자 TJENA)

p. 119

가방 수납에 좋은 '패브릭 상자'

패브릭 상자는 종류가 다양합니다. 옷 수납 상자 위에 올려놓을 만한 크기이면 어떤 것이든 상관없지만 높이는 가방을 꺼내기 쉬운 15~18cm 정도가 적당해요. (소프트박스 직사각형 작은 사이즈)

p. 123

걸기만 하면 끝, '마와(Mawa) 바지걸이'

미끄럼 방지 처리가 되어 있어 걸기만 하면 되는 바지걸이입니다. 집게 바지걸이는 번거롭지만, 이런 바지걸이라면 귀찮은 것 딱 질색인 사람도 바로바로 걸어둘 수 있어요. 두 줄 중 위쪽에는 자주 입는 바지를, 아래쪽에는 놀러 갈 때 입는 바지 등 가끔 입는 바지를 걸어둡니다. (마와 행어 더블 팬츠 KH2)

p. 133

액세서리 수납에 유용한 '식기함'

액세서리 수납용으로 활용하는 식기함은 서랍에 두고 쓰는 것이니 굳이 비싼 것을 살 필요 없습니다(그래도 제대로 된 것에 보관하고 싶다면 목제 식기함을 구해보세요). 길이와 높이를 잘 체크해서 구입하세요.

5 생각하지 않는 현관 · 욕실 · 베란다

Entrance

공간 자체가 좁아 물건이 넘치기 쉬운 곳입니다.

★
물건을 쓰기
편하게 한다.
⇣
옮기기 방법으로
적당한 자리에 재정리해요.

★
대충 놓아두지
않는다.
⇣
늘리기 방법으로
공간을 만들어요.

★
공간을 만들
방법을 찾아본다.
⇣
채우기 방법으로
공간을 늘려요.

Bathroom Veranda

Q. 현관에 신발이 한가득이에요. 전부 다 정리하고 싶어요.

before

이럴 때 유용한
채우기

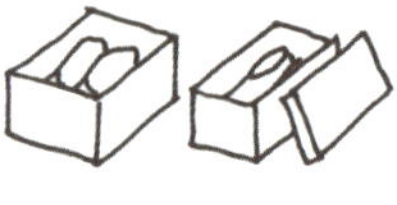

신발 상자에 든 신발을 모두 꺼낸다.

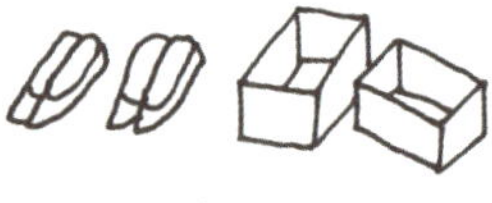

1 오래 신을 신발이나 부츠를 제외한 모든 신발 상자를 버린다.

A. 신발 상자를 버리면 신발을 더 많이 수납할 수 있어요.

신발 상자를 버리고 신발을 신발장에 바로 넣기만 해도 여유가 생깁니다. 여기다 납작한 신발은 세워서 수납하면 더욱 효율적으로 정리할 수 있어요.

after

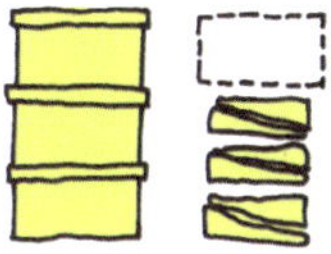

플랫 슈즈를 수납할 경우 신발 상자 3개를 버리면 대략 1/3만큼의 공간이 남습니다.

시중에 판매하는 ㄷ자형 선반을 활용하면 위쪽까지 채울 수 있어요.
신발 상자를 버린다.
납작한 신발은 세워서 수납한다.
p.170 참고
신발을 세우면 높이가 있으니 부츠 넣는 칸에 둡니다.

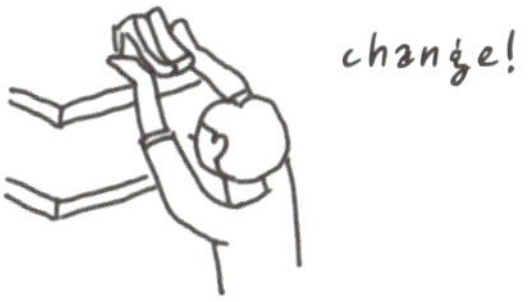
change!

2 신발을 신발장 안에 가지런히 정리한다.
(공간이 부족하면 ㄷ자형 선반을 활용한다.)

plus tip

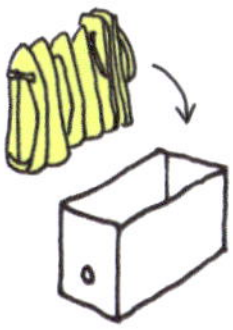

굽이 부드러운 신발이나 샌들처럼 납작한 신발은 세워서 상자에 넣으면 더 많이 수납할 수 있어요.

Q. 부츠와 슬리퍼가 현관에서 진을 치고 있어요.

이대로
일 년 내내 그냥
놔두게 생겼어.

before

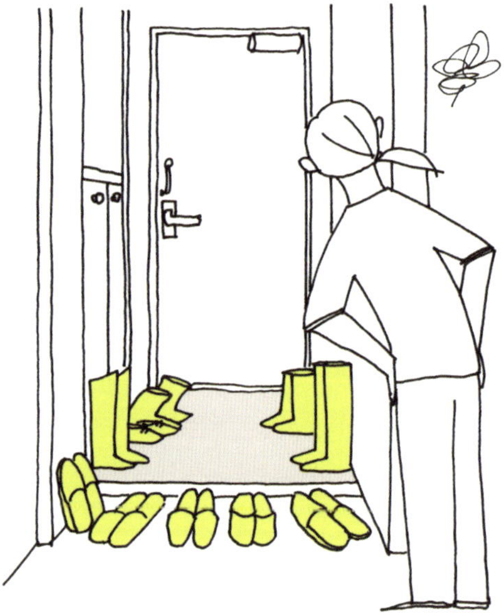

딱히 둘 데가 없는 슬리퍼와 부츠가 늘 현관을 점령하고 있어요.

이럴 때 유용한

옮기기

부츠와 슬리퍼의 자리를 옮긴다.

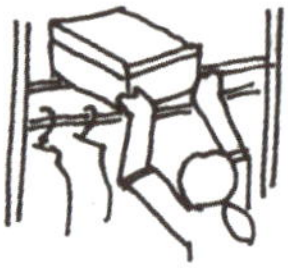

1 부츠는 옷장 맨 위 칸에 넣는다.
(또 다른 상자가 있다면 그 위에도 올린다.)

A. 슬리퍼는 신발장 문 뒤쪽에, 부츠는 계절이 지나면 옷장에 보관해요.

현관 가까이 두고 싶지만 마땅한 자리가 없어 고민인 슬리퍼는 신발장 문 안쪽에 정리해보세요. 부츠는 상자에 넣어 옷장이나 정리함에 수납합니다.

after

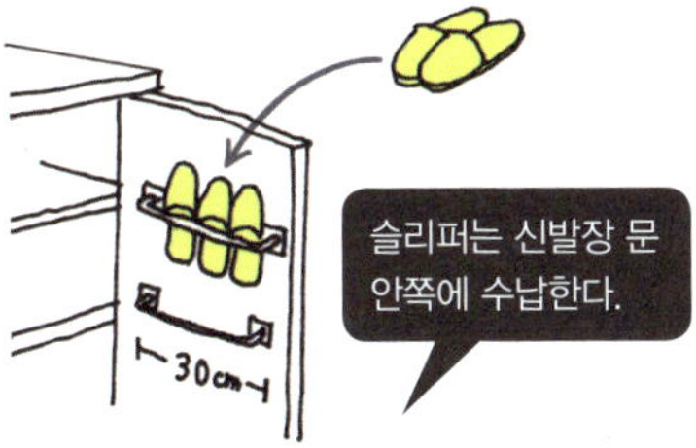
30cm
슬리퍼는 신발장 문 안쪽에 수납한다.

신발장 문 뒤쪽에 수건걸이를 답니다. 30cm 정도 길이면 슬리퍼 3짝을 걸 수 있어요.

부츠는 깨끗이 닦아 옷장에 수납한다.

겨울이 지나 더 이상 신지 않게 되면 옮깁니다.

이렇게 수납할 자리를 잡으면 깔끔하게 정리됩니다.

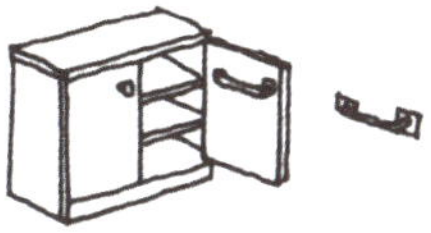

2 신발장 문 안쪽에 수건걸이를 단다. (선반과 닿지 않게 위치를 확인한다.)

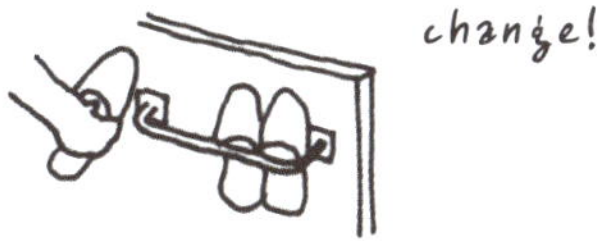
change!

3 수건걸이에 슬리퍼를 끼우면 완성. (흡착식 수건걸이를 이용해도 된다.)

Q. 늘 비슷한 자리에 적당히 걸어놓는 우산을 마땅히 둘 데가 없어요.

before

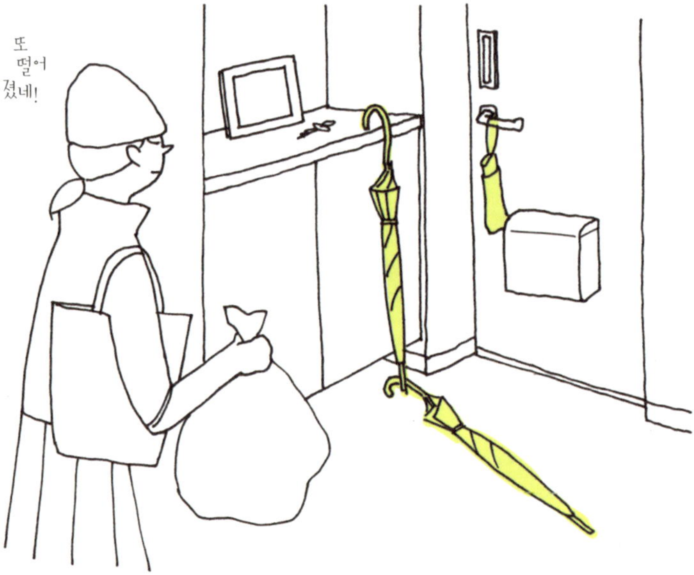

젖은 상태라 항상 적당히 걸어두게 되는 우산. 잘 흔들리고 쉽게 넘어지지요.

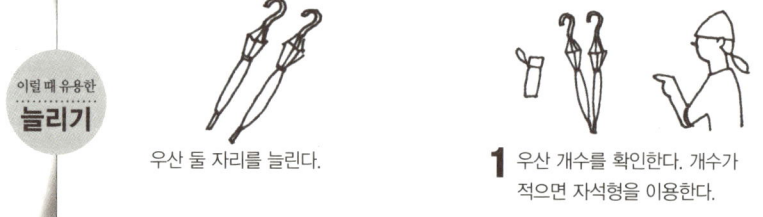

이럴 때 유용한
늘리기

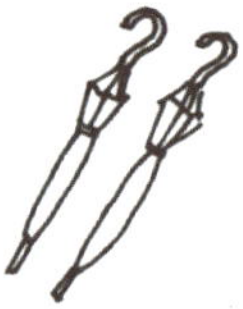

우산 둘 자리를 늘린다.

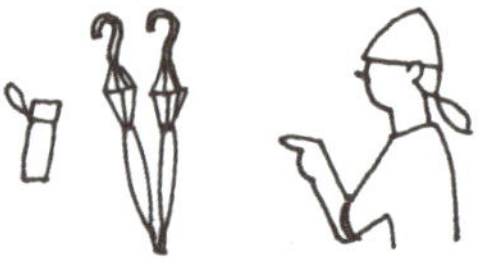

1 우산 개수를 확인한다. 개수가 적으면 자석형을 이용한다.

우산꽂이만
장만하면 정리는
5분이면 끝나요.

A. 2만 원 정도면 좁은 공간을 깔끔히 정리할 우산꽂이를 살 수 있어요.

그냥 세워둬도 되지만 우산꽂이가 없으면 아무래도 어수선해지기 쉽지요. 우산 개수에 따라 정리 도구가 달라지니 우선 우산이 몇 개나 되는지부터 확인해보세요.

after

작은 우산꽂이를 산다.

우산이 2~3개뿐이라면

【 자석형 우산꽂이 이용 】

p.170 참고

오가며 거치적거리지 않도록 현관문 안쪽에 자석형 우산꽂이를 부착합니다.

우산이 4개 이상이라면

【 원통형 우산꽂이 이용 】

높이가 50cm 정도 되면
우산이 어느 정도 가려져요.

통이 좁고 긴 우산꽂이를 구입해 문 안쪽에 두세요. 지름 20cm 정도면 드나들 때 방해되지 않아요.

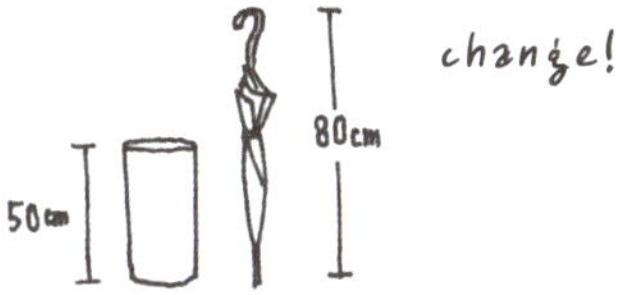

change!
50cm
80cm

2 우산이 많으면 원통형을 이용한다. 공간이 협소하면 우산 개수에 딱 맞는 크기를 고른다.

우산꽂이 고르는 법

우산꽂이는 우산의 다양한 컬러를 커버할 수 있도록 수수한 색으로 고르세요. 또 우산이 많이 가려져야 어수선하지 않으니 높이가 적어도 50cm는 돼야 좋아요.

Q. 신발장 위에 벌레 퇴치 스프레이 같은 것을 놓아뒀더니 지저분해 보여요.

before

쓰기 편하게 꺼내놓았는데 모양새가 좀….

이럴 때 유용한 **정돈하기**

신발장 위의 물건을 정리한다.

1 적당한 가방(또는 상자)에 물건을 넣는다.
(물건이 80% 정도 가려지는 높이로 고른다.)

A. 작은 가방이나 외서를 활용해 분위기 있는 공간을 만들어요.

신발장 위에 놓아둔 각종 물건은 가방이나 책을 활용해 보이지 않게 감춥니다. 눈길을 끄는 공간이므로 사용하기 편하고 보기에도 멋스럽게 정리해보세요.

after

그대로 두지 말고 감춰서 수납한다.

【 작은 가방 활용 】

캔버스 천으로 만든 가방이나 바구니, 상자처럼 모양이 그대로 유지되면서 잘 쓰러지지 않는 것에 물건을 넣어둡니다. 물건의 80% 정도가 가려지는 높이가 좋아요.

【 좋아하는 책 활용 】

옆쪽에서 본 모습. 상자 안에 물건을 넣어두고 책을 가렸어요.

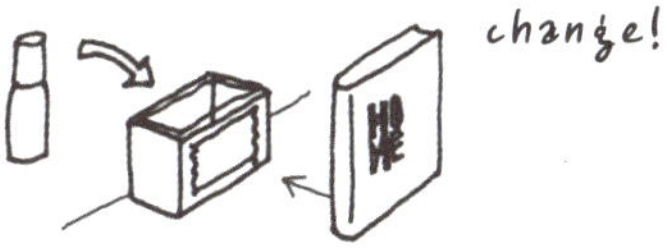

2 물건을 넣은 상자를 벽에 붙여놓고 책으로 가린다.

plus tip

책은 디자인 서적이나 시각적 효과가 있는 외국 원서를 활용해요. 또 가방 앞쪽에 작은 인테리어 소품을 곁들이면 더 멋진 공간이 돼요.

Q. 세면대 하부장에 물건을 넣어두었더니 꺼내기가 불편해요.

청소용품을 정리해둔 것까지는 좋았는데, 딱 2%가 부족해요!

before

이런 물건을 넣었어요.

- 빨래 건조대
- 빨래집게

- 청소용 세제
- 스펀지(수세미)
- 걸레

- 여분의 샴푸
- 수건

청소·빨래용품을 넣어두었는데 건조대 같은 것이 엉켜서 꺼내기가 힘들어요.

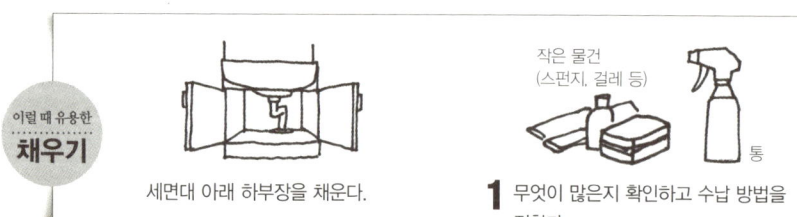

이럴 때 유용한 **채우기**

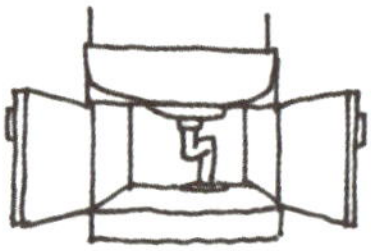

세면대 아래 하부장을 채운다.

1 무엇이 많은지 확인하고 수납 방법을 정한다.

A. 압축 봉으로 위아래를 구분하면 효율적으로 쓸 수 있어요.

세면대 아래를 2단으로 분리해 정리해보세요. 배수 트랩에 거치적거리지 않도록 위에는 가벼운 물건을, 아래에는 부피가 있거나 묵직한 물건을 수납하는 것이 포인트예요.

after

통이 많으면
【 압축 봉 1개 】

압축 봉을 이용해 공간을 효율적으로 활용한다

자잘한 물건이 많으면
【 압축 봉 2개 】

위 압축 봉에 분사기형 통을 걸어요.
아래 무거운 세제나 양말 건조대 등을 세워서 수납해요.

위 압축 봉 2개에 바구니를 얹고 그 안에 작은 물건을 수납해요.
아래 무거운 세제나 여분의 샴푸 등을 수납해요.

2 물건의 상태에 따라 압축 봉의 개수를 정한다.
(통이 많으면 1개, 자잘한 것이 많으면 2개)

물건을 걸어 정리하는 방법!

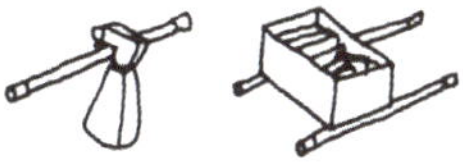

통은 압축 봉에 걸고 작은 물건은 바구니에 담아 압축 봉에 올립니다.

Q. 화장품과 스프레이 등을 따로 정리했는데도 어수선해 보여요.

before

용도별로 모아서 정리했는데도 엄청 어수선하잖아요!

이럴 때 유용한
옮기기

화장품 위치를 옮긴다.

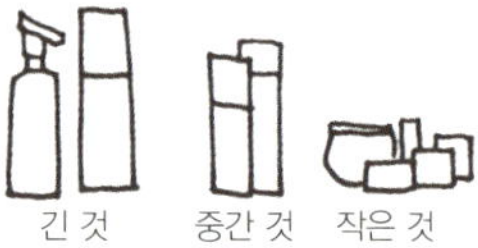

1 크기별로 나눈다.

A. 중간 것, 작은 것, 긴 것으로 분류하면 깔끔하고 쓰기도 편해요.

화장품은 용도보다 용기 크기를 기준으로 분류합니다. 긴 것은 뒤쪽에, 작은 것은 앞쪽에 두세요. 그리고 중간 것은 긴 것과 함께 두지 마세요.

after

20cm 이하는 중간 것에 해당
긴 것과 떨어뜨려 놓으면 깔끔해 보여요.
20cm 이상은 긴 것에 해당
눈에 잘 띄니 뒤쪽에 두세요.
한 손에 들어갈 만한 사이즈는 작은 것에 해당
어수선해 보이기 쉬우니 바구니에 담아놓아요.

세 가지 크기로 분류한 뒤 뒤쪽에는 길이가 긴 것을, 앞쪽에는 짧은 것을 둡니다. 그 안에서 다시 용도별로 분류하면 좋아요.

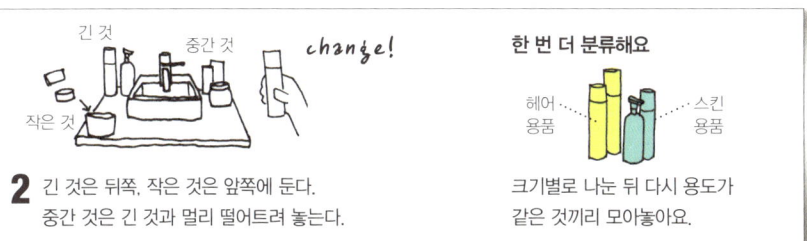

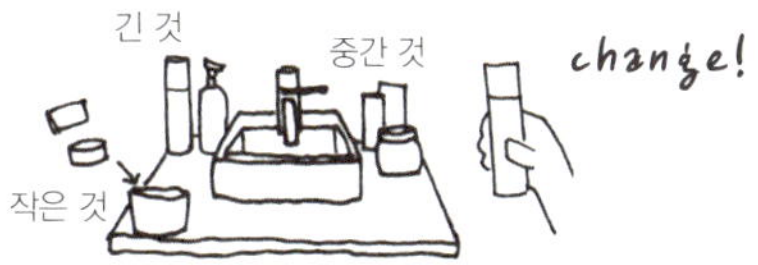

긴 것
중간 것
작은 것
change!

2 긴 것은 뒤쪽, 작은 것은 앞쪽에 둔다. 중간 것은 긴 것과 멀리 떨어트려 놓는다.

한 번 더 분류해요

헤어 용품
스킨 용품

크기별로 나눈 뒤 다시 용도가 같은 것끼리 모아놓아요.

Q. 세면대 옆쪽의 버려진 공간은 어떻게 활용하면 좋을까요?

before

지금은 욕실 청소용품이 몇 개 굴러다니고 있을 뿐….

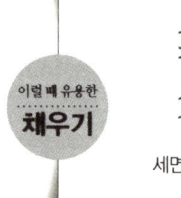

이럴 때 유용한

채우기

세면대 옆 공간을 채운다.

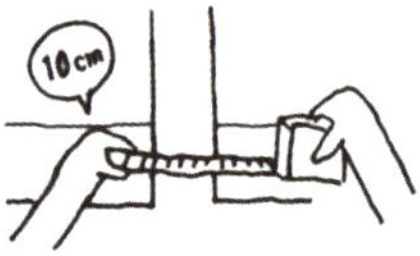

1 빈 공간의 폭을 잰다. 폭이 어느 정도냐에 따라 수납할 물건이 달라진다.

바닥에도 물건을
수납하게 되지
않나요? 거기서부터
정리해보세요.

A. 수건걸이나 고리를 달아 수납하면 더 편하게 이용할 수 있어요.

세면대 옆쪽에 수건걸이나 고리를 달아 청소용품, 거울 앞에 늘어놓은 헤어 액세서리 같은 것을 수납해보세요. 손이 잘 닿아 더 편하게 쓸 수 있답니다.

after

빈 공간의 폭이 15cm 이상이라면
【 욕실 청소용품을 】

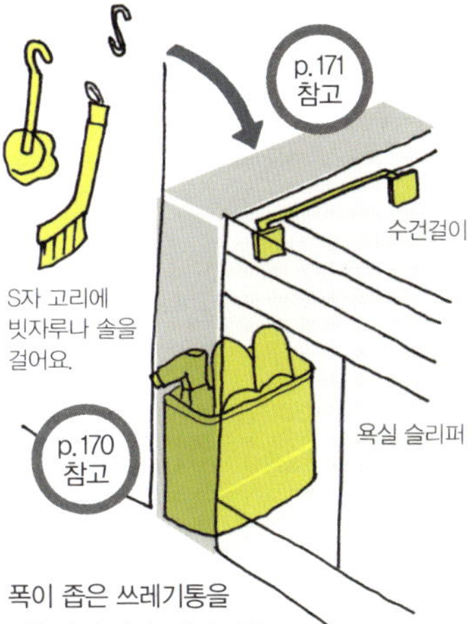

폭이 좁은 쓰레기통을 이용해 슬리퍼, 세제 등을 수납했어요. 욕실 청소할 때 이것만 챙기면 되게끔 여기에 다 모아놓아요.

빈 공간의 폭이 15cm 미만이라면
【 헤어 액세서리를 】

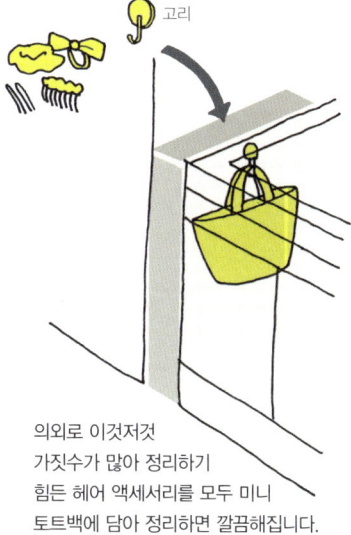

의외로 이것저것 가짓수가 많아 정리하기 힘든 헤어 액세서리를 모두 미니 토트백에 담아 정리하면 깔끔해집니다.

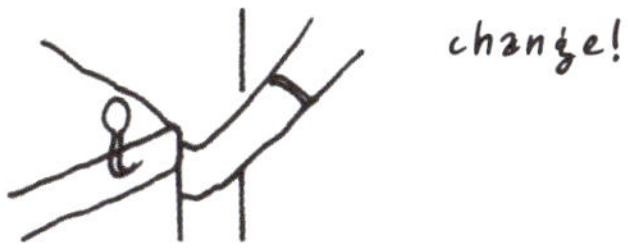

2 세면대 옆쪽에 고리를 붙이거나 쓰레기통을 놓는다.

plus tip

세면대 옆쪽이라 어느 정도 깊이가 있겠지만 안쪽 끝까지 물건을 꽉 채우면 꺼내 쓰기가 불편해요. 안쪽은 포기하고 앞쪽 공간만 활용하는 것이 더 좋아요.

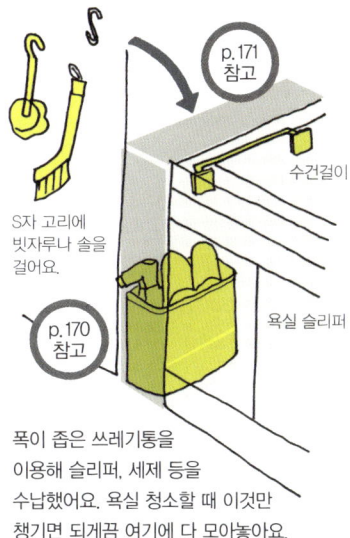

Q. 베란다에 화분용 흙과 삽 같은 것이 널브러져 있어 보기 싫어요.

'저걸 정리해야 하는데…'하고 매번 생각하는 것도 이제 지겨워요.

before

베란다는 실내에서 가장 가까운
외부 풍경입니다. 마음을 안정시키는 데 좋은 풍경이
되도록 널브러진 물건을 정리하고 싶어요.

이럴 때 유용한
늘리기

흙과 삽 등을 둘 장소를 만든다.

1 높이 25cm 이상의 화분을 준비한다.
(단순한 디자인의 화분이 좋다.)

A. 높이 25cm 정도의 화분에 정리하면 깔끔해요.

베란다는 화분갈이 후 남은 흙과 비료 등으로 어수선해지기 쉽지요. 이때 여분의 화분을 활용하면 다른 식물과 나란히 둬도 잘 어울립니다.

after

커다란 관엽식물용인 높이 25cm 이상의 화분이나 화분 커버를 이용하면 물건을 많이 담을 수 있어요.

2 바닥에 널브러진 물건을 모두 화분에 담는다.

plus tip

베란다에서 쓰는 물건은 모양도 크기도 제각각이므로 하나하나 따로 정리해 놓으면 자리만 많이 차지하지요. 커다란 화분에 모두 담아두면 편해요.

Q. 빈 공간이 꽤 되는 베란다를 수납공간으로 활용할 방법이 없을까요?

before

정리함 안에 들어가지 않는
아웃도어용품을 여기에 둬도 될 것 같은데….

이럴 때 유용한

늘리기

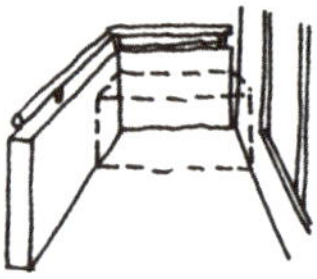

수납공간을 새로 늘린다.

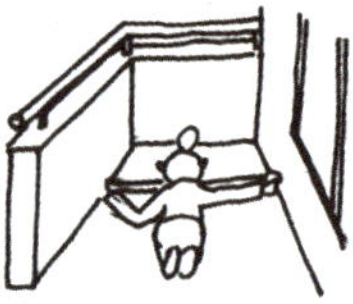

1 베란다 폭을 잰다. 보통 1m 정도는 된다.

A. 밀봉 가능한 컨테이너를 이용해 베란다를 수납 공간으로 활용해요.

자동차용품이나 공구를 보관할 때 쓰는 컨테이너를 활용해보세요. 밀봉 효과가 있어 습기 없이 보관 가능할 뿐 아니라 수납공간을 크게 확장할 수 있답니다.

after

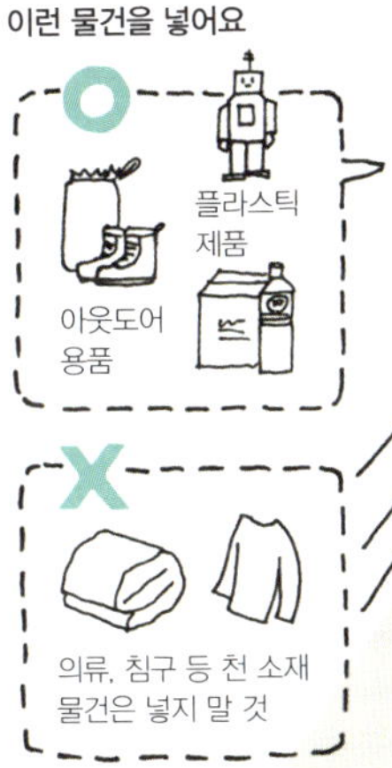

와우!
비가 들이쳐 젖는 일이 없도록
벽에 붙여서 쌓아둡니다.

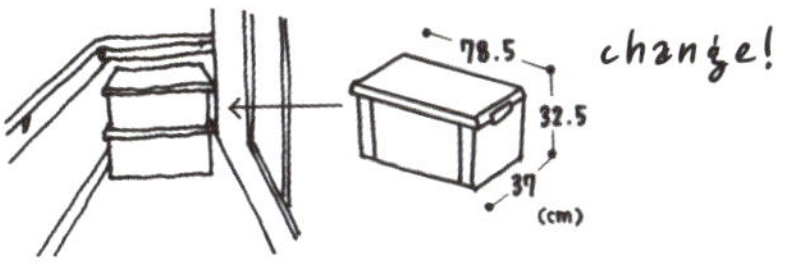

2 컨테이너를 준비해 비에 젖지 않는 위치에 놓는다.

컨테이너 고르는 방법

컨테이너는 크기가 다양한데 이왕 구입하는 거라면 물건을 많이 넣을 수 있도록 큰 것을 고르는 게 좋아요. 아웃도어용품과 비슷한 색을 고르면 크기로 인한 위화감이 줄어듭니다.

현관 · 욕실 · 베란다에서 눈에 띄는 정리 도구

좁은 공간에서 쓸 일이 많으므로 크기가 작은 수납용품을 선택합니다.

p.153

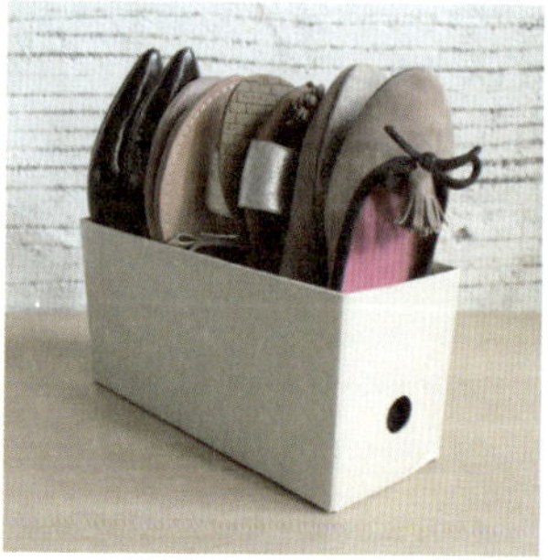

플랫 슈즈 수납에 유용한 '파일꽂이 박스'

파일꽂이 박스는 플랫 슈즈를 세워서 수납하기에 안성맞춤입니다. 10cm 정도 되는 폭은 슈즈를 정리해 넣기에 알맞고 높이가 13cm 정도라 쓰러질 일이 없습니다.

(파일꽂이 절반 사이즈, 무인양품)

p.157

우산이 몇 개 안 될 때는 '자석형 우산꽂이'

현관문 안쪽에 붙이는 자석형 우산꽂이예요. 우산 개수가 많지 않다면 이것으로 충분합니다. 자석이 강력하며, 모서리를 곡선으로 처리해 부드러우면서 심플한 디자인입니다.

(TOWER UMBRELLA STAND 07642)

p.159

현관을 멋스럽게 바꿔주는 상자와 책

신발장 위에 놓아둔 잡동사니를 가리기 위한
아기자기한 소품입니다. 책이 너무 작으면 뒤쪽에 가린
물건이 보일 수 있으니 A4 크기 정도가 좋아요. 상자는
옆에서 봤을 때 눈에 띄지 않도록 폭 15cm 이내의 무늬
없는 것으로 골라 사용하세요.

p.165

좁은 틈을 채워주는 '폭이 좁은 쓰레기통'

15cm 틈에 들어가는 쓰레기통. 원래 용도가 아닌
세제나 욕실 슬리퍼(청소용) 등을 수납하는 용도로도
사용할 수 있습니다. 높이가 30cm 정도라 통 속의
물건이 완전히 가려져 깔끔하게 정리돼요.
(CAINZ 쓰레기통 8.5L)

p.165

공간 낭비를 막아주는 '수건걸이'

가벼운 무게를 지탱할 수 있는 접착식 수건걸이입니다.
일반 수건걸이가 훨씬 더 튼튼하지만 빈틈을
활용하기에는 이런 제품이 적당합니다. 저렴하면서
깔끔한 디테일도 마음에 듭니다.
(LEC 접착식 수건걸이 B-852)

e p i l o g u e

〈생각하지 않는 정리법〉

어떻게
보셨나요?

"아, 이렇게 하는 거였구나!" "이 정도는 나도 할 수 있겠는데!"
이런 마음으로 읽어주셨다면 정말 기쁘겠어요.

뭔가 하나를 정리하면 육중한 문이 열리고 방 안에 밝은 빛이 비쳐드는 것 같다 할까요. 불가능하다고 여기던 것들이 해소되면서 답답했던 마음이 뻥 뚫리는 것 같습니다.
완전히 정리된 자신의 방을 직접 보게 되면 분명 이렇게 생각될 거예요.
'내가 정리에 서툰 게 아니었네!'
이 책을 쓰는 동안 X-Knowledge 출판사 사이토 유카 씨의 도움을 많이 받았습니다. '수납은 당연히 이렇게 해야지' 하고 딱딱하게 구는 제게 "이러면 독자들이 쉽게 따라 할 수 없을 거예요", "좀 더 이해하기 쉽게 써주세요" 하고 독자 입장에서 정곡을 찌르는 조언을 여러 번 해주었습니다.

마지막으로 항상 제 창작 활동을 너그러이 이해하고 지지해주는 가족들과 이 책을 읽어주시는 모든 독자 여러분께 진심으로 감사를 전합니다.

생각하지
않는
정리법

1판 1쇄 인쇄 2016년 8월 15일
1판 1쇄 발행 2016년 8월 26일

지은이 가와카미 유키
옮긴이 송혜진
발행인 김재호 | **출판편집인 · 출판국장** 박태서 | **출판팀장** 이기숙

기획 · 편집 송기자 | **아트디렉터 · 디자인** 최진이
교정 한정아 | **마케팅** 이정훈 · 정택구 · 박수진
펴낸곳 동아일보사 | **등록** 1968.11.9(1-75) | **주소** 서울시 서대문구 충정로 29(03737)
마케팅 02-361-1030~3 | **팩스** 02-361-1041 | **편집** 02-361-0858
홈페이지 http://books.donga.com | **인쇄** 삼성문화인쇄

ISBN 979-11-87194-20-0 13590 | **값** 13,000원

이 도서의 국립중앙도서관 출판예정도서목록(CIP)은 서지정보유통지원시스템
홈페이지(http://seoji.nl.go.kr)와 국가자료공동목록시스템(http://www.nl.go.kr/kolisnet)에서
이용하실 수 있습니다.(CIP제어번호: CIP2016018498)